JN440392

총으로 글을 쓸 수는 없지 않은가?

지은이 김동주
펴낸이 박경훈
펴낸곳 도서출판 각

초판 인쇄 2013년 4월 15일
초판 발행 2013년 4월 19일

도서출판 각
주소 (690-809) 제주특별자치도 제주시 삼도2동 108-16 2층
전화 064 · 725 · 4410
팩스 064 · 759 · 4410
등록번호 제80호
등록일 1999년 2월 3일

ISBN 978-89-6208-087-2 03300

값 15,000원

※ 잘못된 책은 바꾸어 드립니다.

총으로 글을 쓸 수는 없지 않은가?

김동주 글

사랑하는 아내 정민과 아들 지구에게

책을 펴내며

분단국가에서 군대에 간다는 것은 무엇일까? 미국과 한국이 연합군사훈련을 하는 상황에, 북한은 전쟁연습이라고 비판하다가 전시상황이라고 까지 선포하였다. 이렇게 군사적 긴장이 최고조에 달하는 시점에서 현역병으로 군대에 간다는 것은 무엇일까? 과연 전쟁은 일어날 것인지, 또는 통일은 이루어질 것인지는 지난 60년 동안 변함없는 이 땅의 근본문제였다.

그런데 왜 우리는 이러한 거대한 문제에 대해 한없이 무기력해지는 것일까? 전쟁을 시작하는 것도, 끝내는 것도 우리가 아니었기 때문이 아닐까? 그렇다면 우리는 무엇을 해야 하나? 이리저리 권력자들이 결정하는 대로 이끌려 간다면 100년 전이나 지금이나 달라진 것은 아무것도 없게 되고, 역사의 진보는 불가능하게 된다.

현역병으로 군 입대를 하기 직전 그동안 써왔던 병역거부, 군대문제비판, 해군기지건설 반대 등의 글을 엮어 책으로 펴내게 되었다. 어찌 보면 무모할 수도 있겠지만, 다른 한편에서는 그러한 무모함으로 두려움을 이겨보려는 시도라고 해야겠다. 군대에 간다는 것은 살인훈련을 받고 전쟁터의 총알받이가 되는 것에 지나지 않으므로 두려움의 대상일 뿐이다. 그러나 그 두려움이 끝없는 전쟁을 작동시키기 때문에 극복해야만 한다. "우리의 말이 우리의 무기입니다."라는 사파티스타 부사령관 마르코스의 말처럼 나의 무기는 총이 아니라 말과 글이다. 이 책은 그동안 해왔던 나의 투쟁의 기록이자, 앞으로 해야 할 투쟁의 무기이다.

10여 년 동안 합법적으로 입영연기를 했던 이유는 병역거부에 대한 고민 때문이었다. 그런데 결국 군대에 가기로 결정하니 10년 동안 투쟁해왔던 50여 명의 병역거부자들이 떠오른다. 그들과 같은 길을 걷지 못한 데 대한 미안함이 크다. 그리고 강동균 마을회장님과 고권일 반대대책위원장님을 비롯한 강정마을분, 강정지킴이들도 떠오른다. 군대와 전쟁 없는 평화로운 세상을 위해 함께하고 싶은 마음이 간절하다. 그렇다고 내가 포기하고 좌절한 것은 아니다. 군인이 돼야만 가능한 법정소송 등 준법투쟁으로 하기로 했다. 현역병 입영은 또 다른 투쟁의 시작일 뿐이다.

군대에 가면 전쟁이 아니더라도 여러 가지 이유로 죽는다. 교통사고나 총기오발 등의 사고사뿐 아니라, 자살인지 타살인지 진실규명이 필요한 의문사도 존재하며, 천안함 침몰과 연평도 포격사건으로 인한 전사도 가장 최근의 일이다. 누가 군대에 죽으러 가겠는가? 모두들 무사귀환을 바라며 어쩔 수 없는 의무를 수행할 뿐이다. 나 또한 내 또래 친구들과 마찬가지로 이 책이 나의 유서가 되지 않기를 바란다.

2013년 4월 22일, 지구의 날에

김 동 주

【차례】

제1장

시민의 책무로서 공동체 방어

양심적 병역거부와 폭력적 병역이행 사이에 중립은 없었다

시민의 책무로서 공동체 방어를 위한 최고령 현역병 입영 선언문

김동주

어느덧 최고령 현역병 입영자

내 또래 친구들은 군 전역 후 7년간의 예비군훈련을 마무리하고 속속들이 민방위대에 편성되고 있는데, 나는 다음 주에 육군 훈련소로 입영하여 21개월간의 현역병 복무를 해야 한다. 입영자의 99%가 만 24세 이하인 데 비해, 나는 올해 만 30세로 사실상 최고령 현역병 입영대상자다.

2002년 김대중 정권에서 입영신체검사를 받은 지도 11년이 지났고, 그 사이 대통령은 노무현에서 이명박으로, 그리고 박근혜로 이어지고 있다. 故 노무현 前 대통령이 대선공약으로 군복무 기간 단축을 약속함에 따라 26개월에서 24개월로, 그리고 18개월을 목표로 하여 점점 줄여주었고, 사병 봉급도 30% 이상 올려줬다. 사병 출신 대통령답게 처우개선도 확실히 해줬다.

하지만 그 이후에 취임한 대통령들은 모두 군대에 다녀오지 않아서인지 제도개선을 제대로 이어나가지 못했다. 오히려 이명박 前 대통령은 복무기간 단축을 중단시켰으며, 박근혜 후보는 "문재인 후보는 복무기간 단축 환원 공약을 제시했는 데 비해, 박근혜가 당선되면 복무기간이 더 늘어날 것"이라는 소문이 돌자 대선 전날 마지막 유세에서 18개월로 복무기간 단축을 이어나갈 것이라고 밝히기까지 했다. 과연 그 약속을 지킬 수 있을지 계속 지켜봐야겠지만, 취임 후 한 달여간의 행보를 봤을 때 나에게는 전혀 해당되지 않을 듯하다.

병역거부에서 시작된 10년 동안의 입영연기

사실 나는 2002년 본격적으로 시작된 '양심에 따른 병역거부 운동'에 동참한 후부터 현재까지 군 입영 대신 병역거부를 선택해 감옥에 갈 생각만을 하고 있었다. 군부독재정권을 거치면서 형성된 병영국가 대한민국에서 군대와 전쟁을 비판하고 병역을 거부해, 그에 따른 사법적 · 사회적 처벌을 감수하는 그들의 신념과 행위가 병역의무자인 스무 살 대학생에게는 큰 화두로 다가왔다. 그 이후 대학원 진학과 자녀 출산 · 양육을 통해 입영신체검사 후 10년 이상 합법적으로 입영연기를 할 수 있었다. 강산도 변한다는 10년은 군대도 5번 이상 다녀올 시간이며, 예비군 훈련까지도 마칠 수 있는 기나긴 시간이다.

2001년 말 불교신자인 오태양 씨의 병역거부 선언이 있었고, 2002년 초 시민사회단체 주도로 〈양심에 따른 병역거부권 실현 및 대체복무제도 개선을 위한 연대회의〉가 만들어지면서 사회운동으로서 병역거부 '운동'

이 시작되었다. 이때 나는 PD계열의 학생운동단체인 〈전국학생회협의회〉(약칭 전학협)의 활동에 참여하고 있었는데, 2002년 전학협에서 병역거부를 그해의 주요 투쟁과제로 삼게 됨에 따라 운동에 동참하게 되었다.

내가 다니던 대학에서 '평화실천단 Peace Radar'을 구성하여 등·하교 시간 교문 앞 선전전, 병역거부자 오태양 씨 초청강연 등 학내에서 병역거부를 공론화하는 활동을 하였고, 그해 여름에는 전학협이 조직한 대학생실천단 '희망'에 참여하여 보름 동안 전국을 일주하면서 대체복무 입법청원 서명운동을 하였다.[1)]

또한 대학 1학년 때 학교 숲 지키기 운동을 하면서 알게 된 대구교대를 졸업한 초등교사 최 진 선생님이 2004년 5월 15일 스승의 날을 맞이하며 병역거부 선언을 할 때 지지를 표명하였고, 노무현 정권의 이라크 전쟁 파병에 반대해 탈영·수감된 강철민 이병에게 평화엽서를 보내는 활동에도 참여하였다.

특히 2003년 〈한겨레신문〉이 주최한 대학생 전국 평화순례행사인 '한겨레 평화물결단'에 참여해 경기 고양 금정굴, 경기 화성 매향리, 충북 영동 노근리, 광주 5·18 기념묘역, 제주도 4·3사건 현장, 부산 민주공원, 경북 경산 폐코발트 광산, 강원 고성 통일전망대, 인천 연평도 등 한국전쟁 전후 민간인 학살지역과 미군 폭격장, 민주화운동 성지, 분단의 현장 등을 방문하였고, 전국의 시민들에게 평화박물관 조성의 필요성을 홍보하는 활동을 하였다.

이렇게 병역거부 운동에서 시작된 평화에 대한 관심은 이라크 전쟁 반

---

1) 5월부터 시작된 서명은 10월까지 약 5만 명의 성과를 거두었다.

대 및 한국군 파병반대운동, 주한미군기지 재배치에 따른 평택 미군기지 확장반대운동, 그리고 내 고향 제주도에서 벌어지고 있는 해 · 공군 등 군사기지 건설 반대운동으로까지 이어지면서, 입영연기를 한 지난 10년은 한국사회에서 군대와 전쟁, 그리고 진정한 평화로 가는 길이 무엇인지 참여관찰하고 생각하는 시간이기도 했다. 징병제가 있었기에 오히려 그런 고민을 끈질기게 할 수 있었다.

부당한 국가권력에 맞선 투쟁 (1): 선거권 연령제한 헌법소원

위와 같은 평화운동 이외에 선거권 연령제한이나, 병역미필자의 귀국보증인 제도 등 부당한 국가권력에 맞선 소소한 투쟁을 하기도 했다. 2002년 지방선거와 대통령 선거가 있었지만, 나는 대학 2학년이었음에도 만 19세라서 선거권이 없었다. 그래서 그해 2월 6일, 사회당 청소년위원회가 주관한 만 18세 선거권 보장을 위한 헌법소원을 헌법재판소에 제출했다(사건번호: 2002헌마102). 당시 헌법소원 제출에 대한 언론보도를 보면 나는 "(경북대 01학번 김동주(만 18세)[2] 군은) "단지 나이가 약간 어리다는 이유로 권리행사가 불가능하다."라며 "국민의 한 사람으로서 참정권을 요구한다."라고 헌법소원 취지를 밝혔다."[3]

물론 1996년과 2000년에 선거법의 같은 조항에 대해 제출한 헌법소원

---

2) 내 생일은 1983년 2월 10일이어서, 헌법소원을 제출한 2002년 2월 6일에는 만 18세였다.
3) 〈오마이뉴스〉, "현행 선거연령제한은 평등권 침해", 2002년 2월 6일.
(http://www.ohmynews.com/nws_web/view/at_pg.aspx?CNTN_CD=A0000065999)

이 기각된 적이 있어서(97헌마89 및 2000헌마111), 헌법재판소에서는 지난번과 마찬가지로 "선거권 연령 제한은 입법자의 재량권"이라면서 2002년 4월 25일 기각 결정을 내렸다. 그러나 내가 제출한 것 이외에 2001년(2001헌마851)을 포함하여 다른 여러 건의 헌법소원이 있었고, 나름대로의 타당성이 인정되어 결국 2005년 8월 국회에서 법률 개정을 통해 선거권 연령이 만 20세에서 만 19세로 하향 조정되었다.

그리고 최근에는 선거권을 만 18세로 낮춰달라는 운동이 청소년들을 중심으로 진행되고 있다. 청소년의 현실과 미래를 결정짓는 가장 큰 정책인 교육과 복지에 대해 당사자인 청소년들의 입장을 정치에 반영시키기 위한 청소년 스스로의 활동은 어른들도 적극적으로 협력·지원할 필요가 있다.

부당한 국가권력에 맞선 투쟁 (2): 병역미필자 국외여행 관련 민원

한편 2004년 7월, 병역미필자의 해외여행 귀국보증인제도 폐지촉구를 위한 세 차례의 연속민원을 병무청에 제출했고(7월 7일, 7월 10일, 7월 13일), 국가인권위원회에 진정을 제출했으며(7월 6일, 인권위 진정번호 04-0002463), 〈한겨레〉 신문 독자의견란인 '왜냐면' 기고도 추진했다.

2004년 여름 나는 첫 국외방문으로 일본 대학생들과의 환경교류행사에 참석하기 위해 일본에 가야 했는데, 병역미필자여서 여권을 발급받기 위해서는 귀국보증인이 필요했다. 그런데 귀국보증인이 되려면 토지와 주택에 대한 세금을 연간 3만 원 이상 납부하는 사람이어야 했다. 왜냐하면 병역미필자가 귀국하지 않으면 귀국보증인이 5,000만 원의 벌금을 납부해야 되기 때문에 그러한 재산 조건을 보증자격으로 보았던 것이다.

그런데 나의 아버지는 갖고 있는 재산이 거의 없어 아들의 귀국보증인이 될 수 없었다. 또한 그럴 경우 보증보험을 구입할 수 있었지만, 세금납부도 크지 않아 계약금을 더 많이 지불할 수밖에 없었다.

결국 귀국보증인 제도는 국가가 해외여행을 하는 병역미필자에 대해 병역기피를 할 수 있다는 잠재적 범죄자로 취급해서 만든 제도라고 느껴졌다. 그래서 이에 대해 조사를 해봤는데 귀국보증인은 사실상 불필요한 제도였다. 김영삼 전 대통령이 '세계화'를 이야기한 지 10년이 지난 시점인 2003년 기준으로 연간 약 10만 명 정도의 병역미필자가 해외여행을 다녀오고 있지만, 실제로 국외여행허가기간을 어기는 병역미필자는 채 100명도 되지 않았다. 0.1%도 되지 않는 위반자들로 인해 나머지 99.9%가 심리적 고통과 금전적 추가비용을 지출해야만 했던 것이다.

하지만 국가인권위원회는 "우리 위원회 조사대상에 해당되지 아니하여 각하"를 하였으며(7월 14일), 〈한겨레〉에서는 "지면 사정 때문에 보내주신 글을 싣지 못하게 됨을 죄송스럽고 안타깝게 생각합니다."라는 답변을 보내왔다(7월 14일). 그러나 나의 지속적인 민원제기를 비롯해 여러 가지 상황을 종합하여 드디어 제도 개선이 이뤄졌다. 2005년 3월 31일, 관련 법률이 개정되어 병역미필자의 귀국보증인제도가 폐지되었으며, 2006년에는 국외여행허가제도 또한 만 24세까지는 적용되지 않게 되었다.

그래서 나는 2005년 여름 중국 내몽골 사막화지역의 한·중 간 초지조성협력사업을 위한 대학생 교류행사에 참석할 때는 귀국보증인을 내세울 필요가 없었고, 2006년 필리핀 지역시민사회조직 연수프로그램에 참석할 때는 국외여행허가도 신청하지 않고 곧바로 여권을 발급받을 수 있었다.

국외여행허가와 관련된 헌법재판소 판례는 "국외여행허가제도가 징병세하에서 병역의무이행을 담보하기 위한 것으로 그 필요성은 인정되지만, 다른 한편으로 병역의무부과에 큰 지장이 없는 사람까지도 국외여행허가를 받도록 하는 것은 지나친 규제에 해당" 한다면서 제도 개선 사유를 설명하고 있다.[4]

양심적 병역거부와 폭력적 병역이행의 간극

10년 이상을 고민해왔는데도 불구하고, 나는 아직도 군대를 거부해 감옥에 갈 용기가 없다. 예비역들이 병역기피자라고 바라보는 시선이 두렵고, 평생 전과자로 낙인찍혀야 할 상황을 감내하기가 버겁다. 이로 인해 나의 남은 생을 평범하게 살 수 없을 뿐 아니라, 나의 처와 자식에게도 불이익이 돌아가는 상황까지 발생할 수 있다. 2년 전, 뇌출혈로 쓰러진 아버지께서 또다시 쓰러질까봐 불안하다. 그래서 나는 불법을 선택해 감옥에 가지 못하겠다.

오랫동안 수감되어있었던 신영복 선생님께서 제주도에 강연을 하러

4) 헌법재판소, 사건번호: 2007헌바120, 사건명: 구 병역법 제94조 등 위헌소원, 2009년 7월 30일.

오셨을 때, 뒷풀이 자리에서 감옥에 가는 것은 무엇인지 여쭈어 본 적이 있다. 선생님께서는 "개인적으로는 실패다."라고 짧게 말씀하였다. 군대 문제와 관련하여 자문을 구하는 변호사는 "집행유예나 벌금이 아닌 실형은 매우 중한 처벌이다. 특히 1년 이상의 처벌은 더욱 그렇다."라고 말했다. 한국사회를 오랫동안 관찰해온 사회학과 교수님들께서도 "나 같으면 감옥에 가지는 않을 것이다. 또한 아직 젊고 앞으로 살아갈 날이 많은 너에게 감옥을 가라고 권유하고 싶지는 않다."라고 말씀하였다. 내가 그동안 왜 입영을 연기했는지에 대해 나의 생각을 함께 나눠온 주변의 어른들 모두 감옥에 가는 것을 말리고 계신다.

사실 모두 맞는 말이다. 오히려 그래서 더욱 고민이 깊어지는 것이다. 내가 살아온 삶의 이력과 사상을 바탕으로 하면 '병역거부' 를 선택해야 하지만, 그 이후의 삶은 아무도 보장할 수 없기 때문이다. 그렇다면 군 입대라는 행위는 나의 사상과 신념을 포기하는 일인가라는 생각도 들었다. 그것이 아니어야 한다면 나는 계속 투쟁을 해야 한다. 그리고 나에게는 투쟁을 해야 할 현안이 존재한다. 급여 현실화를 비롯하여 사병의 인권개선을 위한 과제뿐 아니라, 지난 5년 동안 건의해온 사병의 자녀양육권은 아직도 "나에게만" 보장되지 못하고 있다. 결국 나는 군 입대를 통해 준법투쟁을 하기로 결정하였다. 전과자라는 낙인과 그로 인한 남은 삶의 여러 가지 문제들을 감내할 용기가 없지만, 그렇다고 군대와 평화문제에 대한 고민과 실천을 포기할 수도 없다.

왜 다들 군대에 가기 싫어하는가?

올해 드디어 군대에 간다고 말씀드리자, 장모님께서는 나에게 "남자라면 군대에 다녀와야 한다."라고 말씀하셨다. 물론 나의 어머니도 똑같은 말씀을 오래전부터 하셨다. 군 복무를 하지 않는 대한민국 여성이 이런 말을 할 정도로 우리나라는 병영화되었다. 그런데 엄밀히 따지면 대한민국 남자가 군대에 가는 이유는 "남자라서"가 아니라, 대한민국은 법치국가로서 헌법에 국방의 의무[5]가 규정되어 있고, 하위법령인 병역법[6] 등에 남자에 한하여 병역의무를 수행해야 한다고 규정되어 있기 때문에 군대에 가는 것이다.

하지만 거의 대부분의 입영예정 남성들은 군대에 가는 것을 매우 싫어한다. 사실 "끌려간다"라는 표현이 아주 정확하다. 그 이유는 매우 다양하지만 헌법재판소 판례에조차 적나라하게 기술되어 있다.

> "우리나라의 경우 병역의무를 이행하는 자들은 대부분 20대 초반의 나이에 약 2년간의 의무복무기간 동안 학업을 중단하거나 안정적 직업 및 직업훈련의 기회를 포기한 채, 아무런 대가 없이 병역에 복무하여야 하고, 그것도 열악한 복무여건 속에서 훈련에 수반되는 각종의 총기사고나 폭발물사고와 같은 위험에 노출되어 생활하여야 한다. 따라서 병역의무를 지게 되는 당사자들은 누구나

---

5) 헌법 제39조 ① 모든 국민은 법률이 정하는 바에 의하여 국방의 의무를 진다. ② 누구든지 병역의무의 이행으로 인하여 불이익한 처우를 받지 아니한다.

6) 병역법 제3조(병역의무) ① 대한민국 국민인 남성은 헌법과 이 법에서 정하는 바에 따라 병역의무를 성실히 수행하여야 한다. 여성은 지원에 의하여 현역 및 예비역으로만 복무할 수 있다.

그러한 의무의 부담으로부터 벗어나기를 원하고, 그 부담을 회피하기 위해 병역이 면제될 수 있는 외국국적을 취득하거나 또는 각종 불법행위를 자행하기도 한다."[7]

이렇게 사병 처우가 매우 열악한 상태에서 계급의 위계질서가 확립된 구조가 불러오는 폭력행위들이 비일비재한 상황은 누구든지 군 복무를 기피하게 만드는 조건이다. 더욱이 이른바 "빽 있는 집안"의 자제들은 "신의 아들"이라 불리는 병역면제를 받거나 또는 "꽃보직, 꿀보직" 등 보다 편한 군 생활을 할 수 있기 때문에 불평등하다는 생각을 들게 만든다. 그래서 군 면제자를 무시하거나 부러워하는 이중적인 모습이 형성되기도 하며, 사실상 정치범이자 법적 · 사회적으로 시민권이 박탈된 약자인 '병역거부자' 들을 공격하는 행태로까지 나타나기도 한다.

하지만 마냥 군대를 가기 싫은 곳으로 내버려둘 수는 없다. 가기 싫은 곳이라면 없어져야 하는 곳이 정상임에도 아직도 대한민국 국군은 1953년 한국전쟁이 휴전된 직후에 형성된 60만 대군을 유지하면서 매년 국가 전체예산의 10% 이상인 약 34조 원(2013년 기준)을 지출하고 있다. 이렇게 대규모 인력과 예산을 모두가 가기 싫은 곳에 투입시키는 것은 국방뿐 아니라 국가발전에도 저해요소이다. 그래서 이미 정부차원에서는 수년 전부터 '가고 싶은 군대 만들기' 활동 등을 추진하고 있다. 군 사망자 줄이기 노력을 통해 10여 년 전보다 연간 수백 명의 인원이 죽지 않고 있어,

7) 병역법 제88조 제1항 제1호 위헌제청 등(2011년 8월 30일. 2008헌가22, 2009헌가7 · 24, 2010헌가16 · 37, 2008헌바103, 2009헌바3, 2011헌바16(병합)).

지난 10년간 연 평균 130명 내외 수준이다.[8] 또 군대 내 얼차려와 욕설 등 폭력행위 금지도 꾸준히 적용시키고 있다.

시티즌십으로서 공동체 방어

그럼에도 상황은 크게 나아지지 않았다. 아직도 국가는 오라고 할 때 가지 않으면 감옥에 잡아 가두고, 사회는 병역기피자라고 손가락질하며 무시하는 폭력적인 방식으로 병역이행을 강제하고 있다. 이렇게 해서 우리 공동체를 제대로 지킬 수 있을 것인지 걱정이 앞설 뿐이다. 그래서 나는 군대와 병역의 문제를 '시티즌십' 으로서 새롭게 인식해 볼 것을 제안한다. 즉, 시민으로서 우리가 속한 공동체를 폭정과 외침으로부터 방어하고, 병역의무를 우리 공동체의 사회적 · 생태적 지속가능성을 위해 시민으로서 의무봉사하는 제도로 전환할 것을 검토해본다.

시티즌십(citizenship)은 " '시민으로서의 지위와 자격' 을 의미하며, 보통 시민권 또는 시민성으로 번역되는데, '민주적 정치공동체에서 그 성원(곧 시민)이 가지는 법적 · 제도적 지위(국적, 권리와 의무 등), 그에 근거해서 시민이 체화하는 참여와 실천, 그리고 덕성' "으로 규정될 수 있다(최현, 2010: 13~14). 우리는 대한민국의 국민으로서 헌법과 법률에 따라 권리와 의무를 부여받고 있는데, 이러한 법적 규범을 바탕으로 하여 우리

8) 단, 국방부가 공개하고 있는 '군 사망사고 현황' 통계에는 차량사고와 자살 등의 원인으로 인한 사망자만 포함되어있을 뿐, 천안함 침몰 및 연평도 포격사건 등으로 인한 전사자 및 민간인에 의한 사망자는 포함되지 않는다.

가 구성하고 있는 사회에 시민으로서 자발적으로, 보다 적극적으로 참여하고 실천한다는 개념이다.

국방의 개념을 단지 병역으로만 한정시키고 있는 현행의 제도는 군대가 사회를 바라보는 입장에서일 뿐이다. 우리 공동체의 위협을 단지 군사안보로만 한정시키고, 군대를 유지시키는 수준으로 사회에서 병역자원을 발굴하여 동원하는 방법이다. 지금도 이런 방식으로 시민은 군부의 객체로 전락해버린다. 하지만 시민은 공동체의 객체가 아니고, 민주공화국의 주인이다.

따라서 시티즌십으로서 국방을 바라본다면, 우리가 속한 공동체가 외부로부터 군사적 위협에 처해있을 때, 시민으로서 우리 스스로 나서 공동체를 지키고자 하는 자발적인 활동에 참여하는 것이 된다. 또한 현 시점에서 우리 공동체가 처한 위기 또는 위험은 단순히 군사적 위협으로만 그치는 것이 아니라, 21세기 들어 심화된 자원고갈, 기후변화, 핵문제 등 전지구적 환경문제와 이와 긴밀히 연결된 세계자본주의체제의 지속불가능성, 그리고 사회적 불평등의 심화와 양극화 등이 포함될 수 있다. 이렇게 우리 공동체를 위협하는 온갖 종류의 사안에 대해 시민의 책무로서, 스스로 자발적으로 공동체 방어를 위해 나설 수 있어야 한다.

징병제를 공동체 봉사제로 전환

위와 같은 시티즌십의 관점으로 국방제도를 바꿔보면, 현재의 징병제를 전면적인 '공동체 봉사제' (사회봉사제)로 전환할 수 있어야 한다. 즉,

시민으로서 폭정과 외침뿐 아니라, 사회양극화 및 자원고갈 등 정치적 · 경제적 · 사회적 · 환경적 위협으로부터 공동체를 방어하기 위해 군사적 활동 및 비군사적 활동에 자발적으로 참여할 수 있도록 하는 것이다. 공동체 봉사제는 강제투표와 기본소득(시민배당) 등 공동체에 대한 정치적 권리와 책임의 관계와 관련하여 최근 제기되고 있는 내용 중의 하나다.

> "많은 나라가 시민들로 하여금 병역의 의무를 수행하도록 요구한다. 공동체의 필요에 따라 일정한 시간을 헌신해야 한다는 원칙이 사회적 삶의 다른 여러 영역으로 확장되지 못할 까닭이 없다. 이러한 봉사는 장애인이나 노인들을 돕거나, 환경보호를 위해 일하거나, 공동체 문화 활동의 증진을 위해 하는 일을 포함한다. 중요한 것은 공동체 봉사가 시민들 상호간의 연대성을 건설할 것이라는 점이다. 특히 계급 간, 인종집단 간에 일어나는 바람직한 사회적 교류를 보장하는 방식으로 기획된다면 더욱 그럴 것이다. 공동체 봉사는 시민공동체를 유지하고 시민들에게 가치 있는 서비스를 제공하도록 할 것이다. 다우엔하우어는 학교 졸업 이후, 즉 아동기에서 성년기 사이를 잇는 시기에 1년간 봉사기간을 제안하고 있다." (키이스 포크, 2009: 130~131)

이미 우리나라도 사회복무제라고 하여 일정 정도 '공동체 봉사'의 성격을 띠는 방향으로 병역제도를 바꿔나가고 있다. 정부는 지난 2007년 7월 10일 〈국방개혁 2020〉의 일환으로 병역제도 개선을 위해 "사회복무제도 추진계획"을 발표하여 2008년부터 시행하고 있다. 사회복무제도의 기본개념은 "예외 없는 병역이행 체계를 정립하여 사회활동이 가능한 모든 사람은 병역의무를 이행하되 현역 복무를 하지 않은 사람은 사회서비스[9] 분야에서 복무하는 제도" 이다.

도입배경에는 ① 병역의 사회적 형평성 제고, ② 현행 대체복무제도의 재정비 필요, ③ 사회서비스 수요 증가에 대응을 꼽고 있으며, 기존 공익근무요원과 산업기능요원 등을 모두 사회복무요원으로 변경하여 사회복지(중증장애인 · 노인수발, 장애아동 · 학생 지원, 가출청소년 자활후견 등), 보건의료(보건의료, 환자지원, 응급환자 구급이송 등), 교육문화(농산어촌학생 학습활동지원, 문화재보호), 환경안전(산불 · 하천 · 환경감시, 저소득층 주거안전점검, 철도 · 지하철 사고예방, 해양투기 방지 등), 기타 공공서비스 등의 업무에 투입하여 운영 · 관리하는 제도이다.

물론 의대 · 수의대 졸업(예정)자들이 담당했던 공중보건의사, 징병전담의사, 공익수의사와 한국국제협력단(KOICA)에서 관리하는 국제협력봉사요원과 국제협력의사, 그리고 국제경기대회에서 금메달을 수상하면 군복무를 면제해주는 예술체육요원, 또한 연구기관에서 복무하는 전문연구요원 등은 그대로 기존의 활동을 담당하도록 했다.[10]

그러나 아직까지 사회복무제도는 완벽한 제도로 정착되지는 않았다. 우선 기존과 마찬가지로 입영신체검사를 통해 현역복무로 결정된 자는 이러한 사회복무요원이 될 수 없으며, 보충역 처분을 받은 자만이 이러한 분야에서 근무하게 됨에 따라, 현역병 중에서 사회복무에 매우 적합한 인재들의 사회적 활용성이 떨어질 수밖에 없다. 즉, 자신의 적성과 능력 등

---

9) 사회서비스란 개인 · 사회 전체가 복지증진 및 삶의 질을 향상시키기 위해 사회적으로 제공하는 서비스를 말하며, 사회복지서비스, 보건의료서비스, 교육서비스, 문화예술서비스, 환경안전 서비스 등을 말한다.

10) 병무청 홈페이지 사회복무제도 안내.
(http://www.mma.go.kr/kor/s_navigation/bmjedo/bmjedo02/bmjedo021/index.html)

자발적인 선택으로 사회복무를 결정할 수 없기 때문에, 아직까지는 공익근무요원의 명칭만을 사회복무요원으로 바꿨을 뿐이다.

따라서 군대의 유지를 위해 젊은 남성들만을 사실상 폭력적인 방법으로 강제연행하는 현재의 징병제를 전면적인 공동체 봉사로 전환해야 한다. 누구든지 공동체에 속하는 시민의 일원으로서, 그리고 시민의 책무로서 공동체를 위해 자신의 소질과 적성, 그리고 능력을 활용하여 자발적으로 봉사할 수 있는 제도로 바뀌어야 한다. 보건의료, 사회복지, 환경보전, 국제협력, 교육문화 등의 다양한 영역에서 1년 정도 사회봉사를 하고, 최저임금 수준으로 월급도 지급받으면 우리 공동체는 보다 더 평등하고 지속가능하게 될 것이다.

이에 대해 군부 등 일부에서는 현역 복무를 기피할 수 있다는 우려를 반드시 표명하겠지만, 현역복무자에 대해서는 일반적인 사회봉사자보다 복무기간을 보다 짧게, 월급은 보다 많게 하는 방향으로 정책을 집행하면 충분히 현역복무자 충원은 가능할 것이다.

공화국과 시민군

대한민국은 민주공화국이다. 공화국의 어원인 'res publica'는 '공공의 것'이라는 뜻이다. 공화주의 연구자 조승래 교수(2010)는 공화국을 유지하는 제도로 혼합정체, 시민군, 토지균분제 등 3가지로 요약했는데, 이 중 시민군 제도에 대한 내용은 시민의 책무로서 공동체 방어라는 개념을 이해하는 데 유용하다.

'공공의 것' 인 공화국은 "시민들의 무장을 통해서만 유지되고, 시민들은 무장을 통해서만 자유를 얻을 수 있다."라면서 시민적 자유의 기초로서 시민군의 정신을 설명한다. 이와 관련하여 마키아 벨리는 시민군이 되어 자신과 국가를 지키는 것이야말로 참여 중의 참여요, 덕의 최상의 실천이요, 자유를 지키기 위한 유일한 수단이라고 주장한다. 그러면서 시민군제를 통해 자유인의 지위를 보장하는 공화국만이 조국이며, 그와는 달리 조국의 반대말은 폭정(暴政)이며, 용병제는 폭정의 또 다른 이름이라고 했다.

특히 17세기 영국의 급진적 휘그파의 맥을 이는 존 트렌처드는 "왕과 귀족과 인민으로 구성된 시민군이 사라지고 왕이 자기 뜻대로 부릴 수 있는 상비군(=용병)이 존재한다면 헌정의 균형뿐만 아니라 헌정 자체가 필연코 파괴되고 자유는 사라지면 폭정이 나타난다."라고 하면서, "상비군(=용병)은 폭정의 도구일 뿐이며, 이는 국가 멸망의 지름길이라고 단언"한다. 또한 스코틀랜드의 급진적인 재야 지식인이었던 앤드루 플레처도 "상비군(=용병)은 전제 왕권의 도구이기 때문에, 전제 군주의 폭정으로부터 해방될 수 있는 길은 오로지 시민군을 조직하는 것" 이라고 주장하였다.

이러한 시민군론은 한마디로 말해서 "고대 그리스 폴리스에서 시작되어 르네상스 시대의 마키아 벨리와 영국혁명기의 해링턴에 의해 정형화된 고전적 공화주의 혹은 시민적 휴머니즘의 담론세계 안에서 나온 것"으로, "인간은 사리사욕보다는 공동체에 대한 헌신과 봉사를 우선시하는 시민이 될 때 완성되며, 그러한 시민들의 자치 공동체로서의 자유국가는 오로지 무장한 시민단, 즉 시민군에 의해서만 지켜져야 한다는 것이 핵심" 이다. 또한 "인민들이 무장을 포기한다는 것은 자치 공동체로서의 자유국가에 대한 시(공)민적 의무를 포기하는 것이요, 그 순간 인민들은 폭정의 노예로 전락한다는 전율에 찬 절규" 였다(조승래, 2010: 20~29).

이러한 공화국의 시민군 제도에 대한 사상에 비춰봤을 때, 우리나라에서 가장 전형적인 모습은 5 · 18 광주민중항쟁 당시 나타난 '5 · 18 시민군' 이다. 전두환 등 신군부에 의해 민주공화국의 군대가 백주대낮에 무고한 시민들을 향해 폭력을 휘두르고 발포를 하는 상황에서 시민들 스스로 무장을 하여 군부독재자의 상비군에 맞서 싸웠던 것이다. 또한 그 이전에도 박정희 개발독재에 저항한 부마항쟁, 이승만 독재에 저항한 4 · 19혁명, 비군성과 일제출신 경찰 등에 의한 폭압에 저항한 4 · 3무장대, 일제 식민지 통치에 저항한 무장투쟁뿐 아니라, 독재에 저항했던 모든 민주화운동은 총기가 아닌 사상과 짱돌로 무장한 시민단, 즉 시민군이라고 볼 수 있다.

평화주의와 사회적 방어

공화국의 시민군은 폭정과 외침에 맞서 시민으로서 스스로 자발적으로 무장하고 조직하여 저항을 하는 것이다. 그러나 목숨을 내걸고 무장을 한다는 것은 쉬운 일이 아니며, 평화주의적인 신념을 갖고 있는 시민들은 무장에 대해 거부할 수도 있다. 따라서 현재 국가가 집행하고 있는 폭력적인 수단과 방법을 통한 병역이행의 대안으로 비폭력 평화주의에 입각한 '사회적 방어' 라는 개념을 도입할 필요가 있다.

"사회적 방어(Social Defence)는 적극적이고 비폭력적인 저항, 그리고 비협력을 통해 대외적 또는 대내적인 공격으로부터 국민들을 보호해 준다. 그것은 대규모의 상징적인 행동, 소비자와 생산자의 경제적 보이콧, 제도에 대한 사회적 · 정치적 보이콧과 동맹파업, 여러 시설 및 행정제도에 과중한 부담을 가하는 행위, 저지 행위와 방해 행위, 고의적인 태업, 사람들의 추방, 그리고 사회 모든 부문에 있어서 수많은 불복종의 형태들을 포함한다. (독일 녹색당의) 바스티안은 전통적인 방위전략이 국경을 통과함에 있어 상당한 대가, 즉 전투력 손실을 요함으로써 적이 무력침공을 하지 못하도록 하는 데 비해, 사회적 방위는 점령에 대해 받아들이기 어려울 정도의 높은 대가를 요구한다고 지적하고 있다." (스프레트낙 · 카프라, 1990: 109)

"(오스트레일리아 울런공 대학의 브라이언 마틴(Brian Martin) 교수에 따르면), 사회적 방어는 군사적 방어에 대한 비폭력적 대안 개념으로 군사적 침략 또는 정치적 억압에 대항하기 위한 사회 공동의 비폭력 저항을 일컫는다. 이를 위해 보이콧, 불복종, 파업, 시위, 대안 공동체 건설 등 광범위한 저항과 설득, 비협조, 개입 방식을 동원한다. 또한 사회적 방어는 군사적 침략에 대한 방어뿐만 아니라 정부의 억압에 대한 지역사회의 방어, 여성에 대한 남성 폭력으로부터의 방어까지도 포함하는 개념이다. 즉 사회적 방어는 인권, 민주주의 등과 같은 사회의 불가침적 요소들을 모든 억압과 폭력으로부터 비폭력적으로 방어하는 것이라 할 수 있다."[11]

11) 정용욱, " '군대 없는 세상' 은 가능하다 - '군사적 방어' 가 아닌 '사회적 방어' ", 〈인권하루소식〉 제2781호, 2005년 3월 31일.

위와 같은 사회적 방어는 전시에는 군사적 침략에 대해 비군사적 대응을 통해 효과적으로 공동체를 방어할 뿐 아니라, 평시에는 인권과 민주주의 수호를 위해 각종 비폭력 직접행동을 통해 억압으로부터 해방될 수 있도록 활동하는 것이다. 이렇게 되면 시민군으로 직접 참여하지 않더라도 비전투원으로서 시민군을 지원하거나, 또는 사회복지 · 보건의료 · 교육문화 · 환경보전 등 비군사적인 분야에서의 참여를 통해 공동체를 방어하는 데 적극적으로 실천할 수 있다.

앞으로 무엇을 할 것인가?

분단과 전쟁이 계속되는 한 시민의 평화는 존재할 수 없다. 하루빨리 분단체제를 평화체제로 전환해야 한다. 이를 위해서도 지난 60년간 지속된 냉전적 평화의 가장 큰 수혜자인 군부관료세력들을 해체시켜야 한다.

냉전 종식 후 나토(NATO) 주요 국가들과 중국과 러시아 등 대부분의 군사강국들은 병력규모를 30~40% 이상 대폭 축소하는 국방개혁을 단행했으며, 1990년대 한국에서도 다수의 연구 결과가 남한의 적정 병력규모를 30~40만 명으로 추산한 바 있다. 그런데 아직도 우리나라는 한국전쟁 직후 형성된 60만 명이 넘는 대군을 유지하고 있다. 역대 정권에서 군이 35만 명 이상의 육군을 포함하여 총 50만 이상의 병력유지를 주장하는 주된 이유는 북한과의 전면전에 대비하기 위한 것이라기보다는 북한 유사시 북한을 안정화할 수 있는 육군 병력을 유지하기 위해서였다. 따라서 이러한 무모한 계획을 철회하고 방어중심의 적정병력을 유지하려 한다

면 대규모 병력 감축이 가능하다.[12)]

이러한 병력감축과 더불어 사회적 방어라는 개념에 입각하여 징병제를 전면적인 공동체 봉사제로 전환해야 한다. 특히 2008년부터 시행되고 있는 사회복무제는 아직도 군 병력에 비해 매우 부족하다. 2008년 이후 공익근무복무자는 매년 약 5만 명, 국제협력요원은 매년 200명 내외, 예술체육요원은 매년 130명 내외로 그치고 있는 데 비해, 현역병 입영자는 매년 25만 명 내외로 사회복무요원보다 5배 많다. 따라서 군 복무기간을 단축시키고, 또한 군 병력을 감축하는 만큼의 인원을 사회서비스 분야에서 복무시킬 수 있다면, 우리사회는 보다 풍요로워질 수 있다. 징병제를 모병제로 바꾸는 것보다 공동체 봉사제로 전환하는 것이 시티즌십의 개념에 더욱 부합할 뿐 아니라, 현재의 제도를 보다 합리적으로 개편하는 작업이 될 것이다.

물론 이러한 거시적인 변화를 지향하더라도 과도기적으로 반드시 현역복무자는 필요하게 되어있다. 그러므로 누군가는 현재 군대를 가야 하기 때문에, 나는 시민의 책무로서 공동체 방어를 위해 현역병으로 입영한다. 따라서 정부도 나를 '제복 입은 시민' 으로 인정하고, 나의 주장이 실현될 수 있도록 적극 협력해주기를 민주공화국의 시민으로서 강력하게 요구한다.

12) 참여연대 대선정책 이슈리포트, "군 복무기간 단축과 병력 감축", 2012년 11월 20일.

● 참고문헌

조승래, 2010, 『공화국을 위하여: 공화주의의 형성과정과 핵심사상』, 도서출판 길.

최 현, 2010, "한국사회와 시민성", 『시민교육 현장 지침서』, 민주화운동기념사업회.

키이스 포크, 2009, 이병천 · 이종두 · 이세형 옮김, 『시민정치론 강의: 시티즌쉽』, 아르케.

스프레트낙 · 카프라, 1990, 강석찬 옮김, 『녹색정치: 전 지구적 위기에 도전하는 녹색당의 이념과 활동』, 정신세계사.

군 최고통수권자에게 드리는 편지

군 입대 전 아이도 낳지 말고, 공부도 열심히 하지 말며, 데모도 하지 말라는 말입니까?

김동주(육아휴직 중인 최고령 현역병 입영자)

최근 들어 군사적 긴장이 고조되고 있는 한반도의 평화를 유지하기 위해 불철주야 노력하시는 대통령님께 드릴 말씀이 있습니다. 저는 4월 22일 오후 2시에 현역병으로 육군훈련소에 입영하라는 통지서를 받았습니다. 남·북 간의 관계가 심상치 않음을 모두가 잘 알고 있는 시점에 군대에 가는 것은 두려운 일이기도 합니다.

저는 민주공화국의 시민으로서 우리의 공동체가 폭정과 외침으로부터 위협받아 민중의 평화가 침해받는 일을 가만히 두고 있을 수 없습니다. 그래서 저는 헌법에 명시된 국방의무를 넘어서, 시민의 책무로서 내가 속한 공동체를 방어하기 위해 여러 가지 수단과 방법을 고려하고 있습니다. 물론 비폭력적이고, 비군사적인 방법으로 갈등을 해결하고 긴장을 완화하며, 항구적인 평화체제를 수립해 나가는 것이 가장 올바른 길입니다. 그럼에도 평화주의 신념을 보류하고 총을 들어 병역의무를 수행하지 않으면 감옥에 가두기 때문에 누구나와 마찬가지로 어쩔 수 없이 군대에 가게 되는 것입니다.

따라서 저는 헌법에 따른 국방의무를 수행하러 가기 전에 군 최고통수권자인 대통령님께 간곡히 부탁드릴 일이 세 가지 있습니다. 자녀양육권, 학문의 자유, 신변안전보장입니다.

첫째, 자녀양육에 대한 사항입니다. 저는 현재 육아휴직 중으로 아내와 함께 23개월짜리 아들 한명을 키우고 있습니다. 아침 · 저녁으로 어린이집 등 · 하원을 시켜주고, 저녁에는 집에서 〈뽀롱뽀롱 뽀로로〉, 〈로보카 폴리〉, 〈꼬마버스 타요〉 등 어린이프로그램 시청 및 금붕어 먹이주기 등을 함께 하고 있습니다. 또한 주말과 휴일에는 키즈카페, 관광지, 조부모님댁 등을 방문합니다. 이러한 활동은 거의 대부분의 아동학 관련 연구논문에서 "영 · 유아의 정서적 · 지적 발달에 관한 아버지의 역할"이라는 용어로 설명하고 있습니다. 이러한 육아노동 이외에도 아내가 일을 하러 간 낮에는 밥짓기, 설거지, 집안 청소, 빨래 널고 개기 등 가사노동뿐 아니라, 매월 50만 원의 육아휴직급여 수령을 통해 아파트 관리비 · 가스비 등 생활비를 납부하고 있습니다.

그런데 국방의무를 위한 21개월간의 현역복무 기간에는 이러한 일들을 전혀 수행할 수 없습니다. 아이의 입장에서 아버지가 멀쩡히 살아있는데도 약 2년간을 함께할 수 없는 것은 정서적 · 지적 발달에 매우 치명적인 일입니다. 아직 우리 아이는 기저귀를 떼지 못했고, 숟가락으로 혼자 밥을 떠먹을 수 있는 수준이며, 이제야 겨우 언어를 습득하고 있으므로 앞으로 제가 군 복무를 해야 하는 2년간은 부모의 협력과 참여를 통해 집중적인 보육이 필요한 시기입니다.

특히 자녀양육과 관련하여 저와 아내가 분담했던 육아노동 · 가사노동 · 생계노동을 저의 현역병 복무로 인해 아내 혼자 해야 되는 처지에 있습니다. 낮에는 돈 벌고, 밤에는 아이를 돌보고 집안일까지 해야 합니다. 설상가상으로 아내가 아프기까지 하면, 또는 주말에 일이 있어 출근을 해야 한다면, 아이는 누가 돌봐야 할까요? 현재 우리 부부가 가장 시급하게 생각하는 현안은 이것입니다. 돈이라도 넉넉히 있다면 아이돌보미를 구할 수 있지만, 사병의 급여는 고용보험에 가입된 노동자가 받는 최소한의 육아휴직급여인 월 50만 원의 20%인 10만 원 정도에 불과합니다. 더욱이 장교와 부사관의 경우, 배우자에게는 월 4만 원, 자녀에게는 월 2만 원의 가족수당이 있다고 하는데, 병의 가족수당은 전혀 없다고 합니다. 아무리 의무복무라 할지라도, 가족 걱정 없이 군복무를 할 수 있도록 국가가 도와줘야 하는 것 아닙니까?

사실 '사병의 자녀양육권' 보장을 위해 저는 지난 이명박 정부에서 수차례 민원을 제기하였습니다. 2008년 병무청 전자민원, 2009년 국가인권위원회 진정, 2010년 국민권익위원회를 통한 국방부 진정, 2011년 병무청 입법예고 의견제출, 2012년 국민신문고를 통한 정책제안 등 헌법 및 헌법재판소 판례와 관련 법령, 그리고 아동학 관련 논문 등을 세밀히 검토하고 변호사의 자문을 거쳐 민원을 제기하였음에도 불구하고, 항상 정부에서는 각하, 기각 또는 불채택하였습니다.

그래서 지난해 12월 대선에 저는 유력한 대통령 후보였던 당시 새누리당 박근혜 후보 및 민주통합당 문재인 후보 선거대책위원회 홈페이지 정책제안 게시판에 건의를 하였으며, 대통령 당선 이후에 구성된 '제18대 대통령직인수위원회' 의 국민행복제안센터를 통해서도 건의를 하였습니다. 선거대책위원회에서는 별다른 회신이 없었지만, 대통령직인수위원회에서는 "검토가 완료되었습니다."라는 짤막한 답변이 오기도 했습니다. 그런데 2월 25일 정권 출범 직후 인수위원회는 해소되어, 국민행복제안센터에 건의한 내용들은 대통령기록관으로 이관되어 보관된다는 공지만 있었습니다.

제가 지난 몇 년 동안 주장한 내용은 단순합니다. 2008년부터 아이가 있는 현역병은 상근예비역 편입을 통해 출퇴근 복무를 하면서 자녀양육을 할 수 있습니다. 그런데 병무청 훈령의 단서조항으로 인해 박사과정입학 이상자는 제외되어 있습니다. 제도가 시행된 지난 5년 동안 약 2,800명의 현역병이 상근예비역으로 편입돼 출퇴근 복무하면서 국방의무와 자녀양육을 조화롭게 수행하고 있습니다. 그런데 지난 5년간 박사과정입학이라는 이유로 상근예비역 편입신청이 불가능한 자는 저를 포함하여 단 3명에 불과합니다. 이렇게 극소수의 인원에 대해서 자녀양육권을 박탈할 권리는 누구에게도 없으며, 이들을 현역병에 복무시키는 것이 얼마나 국가안보에 도움이 되는지도 의문입니다. 결국은 군대 가기 전에 아이를 낳지 말고, 공부도 열심히 하지 말라는 것밖에 되지 않습니다.

따라서 대통령님께 민간인 신분으로 글을 통해 마지막으로 요청합니다. 사병의 자녀양육권 보장은 입법조치 없이 지금 즉시 가능한 사항입니다. 헌재판례에서도 명시했듯이, 국민의 기본권 중 하나인 자녀양육권을 군 복무 중에도 반드시 보장될 수 있도록 노력하여 주시기 바랍니다. 그리고 군인보수법 제13조(가족수당)를 개정하여 병에게도 장교 및 부사관과 동일한 수준의 가족수당을 즉각 지급하여 주시기 바랍니다.

둘째, 학문의 자유에 대한 사항입니다. 저는 대학원에서 사회학 석·박사 과정을 수료하고, 현재 박사학위논문을 작성하고 있습니다. 그런데 아직 학위논문을 마무리 못한 상태에서 군복무를 해야 합니다. 그래서 군복무 중 여가시간에 학위논문을 위한 작업을 지속해야 됩니다. 군필자들은 "군대 가면 머리가 썩는다."라고 말하는데, 저는 이것이 매우 두렵습니다. 이는 국가적인 차원에서도 지적 자원의 낭비라고밖에 할 수 없습니다. 때문에 저는 군복무 이후 빠른 시간 내로 학위논문을 마무리하기 위해서 현재 보유한 지적인 능력을 유지·강화해야 할 필요도 있습니다.

제가 연구하는 분야는 '정치생태학' 입니다. 간단하게 환경사회학·정치경제학·환경경제학·정치사회학 등이 결합된 학문이라고 보시면 됩니다. 그리고 제가 보기에 이 학문과 제 논문의 가장 기본적인 이론적 자원은 '맑스주의(Marxism)' 입니다. 사회과학은 근대사회를 연구하는 학문으로서, 칼 맑스와 그의 지적 작업을 이은 여러 연구자들의 글들은 근대사회에 대한 깊은 통찰을 제공하고 있으며, 현존사회의 제반 문제점들을 해결하기 위한 대안 제시의 가장 강력한 무기이기도 합니다. 따라서 저는 군복무 중 여가시간에 영내에서 학위논문 작성을 위한 이론적 작업으로서 맑스주의 등에 관한 저작물을 반드시 독서해야 합니다.

그런데 지난 이명박 정부는 난데없이 '불온서적' 을 되살려내었습니다. 군인복무규율(대통령 제20282호) 제16조의2(불온표현물 소지, 전파 등의 금지) 등에 따라, 2008년 7월 22일 국방부 장관 명의로 "군대 불온서적 차단 대책 강구"라는 공문(문서번호: 보안정책과-2608호)을 통해 북한 찬양 11권, 반(反)정부·反美 10권, 반자본주의 2권 등 총 23권의 도서를 불온서적으로 지정하여, 영내 반입 및 소지 등을 금지하였습니다.

이에 대해 몇몇 군법무관들이 포괄위임입법금지원칙 위배, 국회입법원칙 위배, 법률유보원칙 위배, 명확성의 원칙 위배, 사생활의 비밀과 자유침해 등을 이유로 헌법재판소에 헌법소원을 청구하였습니다(2008헌마683, "군인사법 제47조의2 위헌확인 등"). 그런데 헌법재판소는 "군의 정신전력 보전과 이를 통한 군의 국가안전보장 및 국토 방위의무의 효과적인 수행"을 위해 기각 및 각하하였습니다. 하지만 헌법재판소에서는 이러한 불온서적의 영내 반입 금지에 대하여 단순히 알 권리 차원이라든가, 헌법소원의 형식을 중심으로 판단했을 뿐, '학문의 자유' 관점에서는 접근하지 않았으며, 3명의 헌법재판관은 반대의견을 내기도 하였습니다.

불온서직과 관련하여 저는 '정신전력 보전'에 대해서는 그다지 큰 효과가 없을 듯 합니다. 국방부와 안전행정부 사이에 자료교환이 미흡한 탓인지, 현역병 입영대상자인 지난해부터 지역민방위대에 소속되었고, 지난 4월 8일 저는 민방위대 2년차 훈련을 받았습니다.

총 4시간의 훈련은 안보교육, 경제교육, 소화기 사용교육, 화재시 건물탈출을 위한 완강기 실습으로 구성되어 있었는데, 이 중 1시간여 동안 진행된 안보교육의 내용은 민방위 대원들의 정신전력에 대한 내용이었습니다. 군 출신 안보강사께서는 "북한의 핵무기와 잠수함, 20만 명의 특수전 병력 등 비대칭군사력"을 강조하였고, "국가보안법은 계속 유지해야 하며, 주한미군 철수는 절대 안 된다."라고 교육하였습니다. 또한 김일성-김정일-김정은으로 이어지는 3대 권력세습과 요덕수용소의 생활 및 공개처형 등 북한 인권 실태를 고발하면서, 끝내는 "1980년대 김영환 등에 의해 형성된 주체사상파를 기원으로 하는 종북세력이 여의도의 돔 지붕 아래에도 있다."라는 발언까지 하였습니다.

이러한 안보교육의 내용은 앞으로 제가 군 입대 후 지속적으로 받을 교육과 그다지 큰 차이를 두고 있지 않는 것 같습니다. 그런데 이러한 교육을 받는다고 제가 10년 동안 합법적으로 입영연기를 하면서 읽어온 여러 가지 사회과학 서적들의 내용들을 잊어버릴 수 있을까요? 참고로 제 석사학위 논문의 참고문헌 중 하나는 칼 맑스 · 프리드리히 엥겔스가 1848년 작성한 『공산당 선언』입니다.

우리 헌법 제22조 ①항은 "모든 국민은 학문과 예술의 자유를 가진다."라고 되어 있습니다. 그런데 국방부의 불온서적 규정으로 인해 학문의 자유가 상당히 침해될 것으로 예상되고 있습니다. 현기영 선생의 『지상의 숟가락 하나』(북한찬양)는 1940~1950년대 제주도 어린아이의 성장기를 배경으로 쓴 장편소설입니다. 그 시대에 관한 사료가 매우 부족한 상황에서 본인의 체험을 바탕으로 쓴 글은 상황을 이해하는 데 큰 도움을 줍니다. 특히 제 논문의 연구 대상지역은 제가 살고 있는 제주도이기 때문에, 이러한 자료는 큰 도움이 될 수 있습니다. 또 장하준 교수의 『나쁜 사마리아인들』과 한홍구 교수의 『대한민국사』(반정부 · 반미), 한스 페터 마르틴 · 하랄트 슈만의 『세계화의 덫』(반자본주의)은 경제와 역사, 그리고 세계화 등 현존 사회를 이해하기 위한 기본 중의 기본 도서입니다. 더욱이 저는 지난 2001년 대학 입학 이후부터 〈녹색평론〉을 정기구독하고, 독자모임을 운영하고 있으며, 녹색평론사에서 발행한 권정생 선생님의 산문집 『우리들의 하느님』(반정부 · 반미) 은 제 교과서이기도 합니다.

그런데 이러한 책들을 영내 반입을 금지시켜, 군복무 중 여가시간에 읽지 못하도록 한 것은 대학원 박사수료생으로서 헌법에 따른 '학문의 자유' 를 매우 심각하게 침해하는 것입니다. 5년 전 상황이 이러할진대, 하물며 맑스주의 관련 저작물은 2년간 책표지도 못 볼 것 같습니다. 따라서 시대착오적인 불온서적 규정을 철폐하고, 학문의 자유를 보장해 주실 것을 촉구합니다.

셋째, 군대비판활동과 관련한 신변안전보장입니다. 저는 2002년부터 본격적으로 시작된 '양심에 따른 병역거부권 인정 및 대체복무제도 개선을 위한 활동'에 대체복무 입법촉구 서명운동, 병역거부자 대학초청강연, 언론기고 등의 방식으로 나름대로 참여해왔습니다.

또한 평택 미군기지확장반대운동을 비롯해서, 제 고향 제주도에 건설되는 해군기지에 대해서도 "평화의 섬에 군사기지는 안 된다."라는 입장에 동의하여 집회참가, 언론기고, 도지사 주민소환 등 관련된 합법적 활동에 적극 참여하여왔습니다. 아직도 '제주도는 동북아시아의 비무장 평화지대화로 남겨둬야 한다.' 라는 생각은 변함이 없습니다.

특히 지난해부터는 제주 지역언론인 〈한라일보〉에 전면적 사회복무제 전환, 사병월급 현실화, 병역미필자 인권보장제도 개선, 사병 자녀양육권 보장촉구 등 사병 인권 개선을 위한 칼럼을 6차례 게재하였습니다.

그런데 지난해 9월 5일, 시사주간지 〈시사인〉에 보도된 기사를 보면, 기무사는 병사의 미니홈피 등을 조사하여 군대나 정부를 비판한 글을 삭제하라는 지시를 내렸다고 합니다. 따라서 〈시사인〉 기사를 통해 추측해 보건대, 만일 제가 현역병으로 입영할 경우, 기무사에서 조사를 통해 제 군복무에 불이익을 줄 수 있을 것 같아 굉장히 우려스럽습니다.

그래서 지난 3월 27일 국민신문고를 통해 국방부에 질의를 하였습니다. 이에 대해 4월 3일, 국군기무사령부에서는 "군사보안에 대한 귀하의 관심과 애정에 깊이 감사" 드린다면서, "軍에서는 일반 장병의 입대前 활동에 대해 별도 조사를 시행하지 않음을 알려드립니다." 라고 짤막하고도 뻔한 답변을 하였습니다.

하지만 제 고향 제주도에서 벌어지고 있는 해군기지 건설과정에서 보여준 정부와 해군의 행태를 보면, 안타깝게도 군을 신뢰하기가 매우 어렵습니다. 또한 아직도 군 의문사가 발생하고 있으며, 밝혀지지 않은 군 의문사도 상당수 존재하고 있습니다. 따라서 군 입대 전 한반도 평화 정착 및 사병인권 개선을 위해 시민으로서 수행한 군대 비판활동과 관련하여 군 복무 중에 문제 삼지 않겠다는 '신변 보장 확인서' 를 최소한 기무사령관 명의로 작성해 주실 것을 재차 요구하였습니다.

이에 대해 기무사에서는 4월 12일 추가답변을 통해 "군 입대 전 활동사항들이 관련법령에 의해 허용하는 범위 내에서 행해진 것이라면 조사대상이 아님을 거듭 밝혀드립니다." 라면서, "그러나, 군 입대 전에 행해진 사안이라도 위법성이 확인되면 관련 법령에 의거 처리하고 있음을 알려드립니다." 라고 답변하였습니다. 또 "신변보장 확인서는 법률에 작성제공에 대한 관련 근거가 없고, 소관업무도 아니므로 작성해 드릴 수 없음" 이라고 하였습니다.

이러한 답변을 듣고 저는 혹시라도 '국가보안법' 이나, '집시법' 등을 위반했던 적이 있는지 제 스스로 저의 삶을 되돌아봤습니다. 그런데 이러한 내 모습을 보니 왜 나 스스로 검열을 해야 하는지 참 어이가 없었습니다. 군대 가기 전에 데모라도 한번 하면 안 되는 것입니까?

솔직히 말씀드리면 저는 지난 2007년 4월 13일 '집회 및 시위에 관한 법률 및 폭력행위 등 처벌에 관한 법률(퇴거불응)' 위반으로 현행범으로

체포되어 제주동부경찰서로 끌려간 적이 있습니다. 당시 국방부 장관이고, 현재 청와대 국가안보실장인 김장수 씨가 제주 해군기지 건설을 위해 당시 김태환 제주도지사를 만나러 제주도청에 오던 날이었습니다. 저는 해군기지 건설을 반대하는 목적으로 국방부 장관의 도청 진입을 막기 위해 로비 앞에서 연좌농성을 하던 중 지역주민, 신부와 수녀, 도의원들과 함께 무차별적으로 연행되었습니다. 지난 10여 년간 진행되어온 해군기지 반대운동 과정에서 벌어진 최초의 물리적 충돌이었습니다. 다음날 새벽 조사를 마치고 풀려났고, 결국 검찰은 '기소유예' 처분을 내렸습니다.

저는 민주공화국의 시민을 위협하는 그 어떤 세력과도 비타협적으로 맞서 싸울 각오로 군 입영을 결정하였습니다. 그러하니 군 입영 전 제가 했던 군대문제 비판과 해군기지 건설 반대활동이 저의 현역병 복무에 최소한의 영향이라도 끼치면 안 됩니다. 국민으로서의 의무를 합법적으로 수행하는 데 군 기관의 방해가 없었으면 합니다.

박근혜 대통령님, 위에 요구한 위 3가지는 국민의 기본권과 관련되어 있는 매우 중요한 것이며, 어렵지 않은 것입니다. 그리고 약속을 잘 지키시는 박근혜 대통령님께서는 지난해 12월 18일, 대통령선거 마지막 유세에서 약속한 "군 복무 기간 단축" 공약을 반드시 실행할 것이라 믿고 있습니다. 무사히 국방의무를 마칠 수 있도록 적극적인 협조 부탁드립니다. 그리고 민주공화국을 위협하는 가장 큰 폭정은 바로 시민들을 살육과 파괴라는 전쟁의 도가니로 빠뜨리는 일이라는 것을 명심하기를 바랍니다.

내가 국가를 지키러 갈 때, 국가는 내 가족을 지켜주는가?

청년정책과 국방정책은 같은 맥락에서 봐야 한다

김동주(현역병입영 별도관리 대상자)

가난에 미래를 저당 잡힌 청춘

누구 탓인지는 모르겠지만, 세상은 점점 더 먹고살기 힘들어졌다. 특히 젊은이들에게는 더욱 그런 때다. '88만원 세대' 라는 말이 생겨난 지 5년째고, 언론에서는 가난한 젊은이들의 이야기가 계속 흘러나오고 있다. 죽어라 고생해서 수많은 알바를 뛰지만, 집세와 생활비를 마련하는 데도 벅차기 때문에 대학 등록금은 당연히 대출을 하는 게 일상이 되었다. 그러니 제대로 된 대학공부는커녕, 졸업하기에도 4년은 빠듯한 시간이라 휴학은 필수조건이다.

겨우 졸업을 하고 나서도 취업은 하늘에 별 따기 정도로 어렵고, 그렇게 들어간 직장에서의 월급은 쥐꼬리만 한 수준이어서, 학자금 대출 갚는 데 대부분을 쓰고 나면 20대를 훌렁 지나 30대에 들어선 자신을 발견할 뿐이다. 팍팍한 현실 속에서 연애란 돈 없는 자는 못하는 사치일 뿐이며,

결혼해서 자식 낳고 사는 것은 꿈속에서만 가능할 일인지도 모르겠다. 그러니 점점 더 초혼 연령은 늦춰져만 가고, 초산 연령은 그보다 더 늦어지고 있다.

정부는 인구가 줄어들면 경제활동인구도 감소해서 몇십 년 후에는 젊은이 1인당 부양해야 할 어르신들이 너무 많다고 한다. 인구감소위기론 속에 저출산 대책을 만들어 적극 장려하고 있지만, 현재의 상황 속에서 아이를 낳고 키우며 대학까지 보내려면 턱없이 부족한 지원책에 그치고 있다. 그나마 지원대상도 첫 아이는 제외시킨 채 다자녀에게만 혜택에 돌아가고 있어, 경제문제로 인해 애 하나만이라도 낳고 오순도순 잘 키워보려는 젊은 부부들은 사회적 불임이란 나락에 빠지고 있다. 이렇게 되면 애가 하나도 없는 부부와 애가 많은 부부로 나뉘는 출산 양극화 현상이 벌어질 수 있다.

처자식의 생계에 무책임한 국가

2011년 말 현재 나는 만 28세다. 내 또래의 젊은이들에게 이렇게 어두운 한국사회의 현실 속에서 동거를 시작했고, 결혼을 했으며, 자녀까지 출산해 지금은 육아휴직 중이다. 매월 50만 원의 육아휴직급여가 우리 식구의 실제 현금 소득 전부다. 그리고 나는 내년(2012년)에 군대에 가야 한다. 나이도 많고, 기술도 없어서 장교나 공익근무요원, 산업체 기능요원도 아닌 현역병으로 입대해야 한다. 이런 상황 속에서 나는 다음의 질문을 계속하고 있는데, 점점 비참한 결론에 다다르고 있어서 우리 모두의 관심과 지원이 필요하다.

가장인 내가 군대에 가면 처자식은 무엇을 먹고 살 수 있을까? 내가 국가를 지키러 가면, 국가는 내 가족을 지켜줘야 하지 않나? 나의 군복무로 인한 막막한 생계문제의 해결을 위해 배우자가 취업을 해야 하는가? 애 딸린 유부녀가 원한다고 당장 일자리를 구할 수 있는가? 나의 군복무로 인해 내 배우자가 겪을 육아 · 생계 · 가사노동의 3중고는 지극히 당연하고 자연스러운 일인가? 국가는 이 문제에 대해 책임을 질 필요조차 없는가?

2011년 기준으로 이등병의 월급은 78,300원이고, 일병은 84,700원, 상병은 93,700원, 병장은 103,800원을 받는다. 그리고 육군 현역병의 군 복무 기간은 21개월이다. 이등병 5개월, 일병 6개월, 상병 7개월, 병장 3개월을 하는데 이 모든 금액을 모두 모은다면 1,867,000원이다.

한편 보건복지부가 공표한 2012년 최저생계비는 3인 가구 기준 1,218,873원으로, 내년에 내가 군대 훈련소에서 받을 첫 월급은 최저생계비에서 1,140,573원이 부족하다. 부족한 비용은 국가가 대신 주는 것도 아니다. 줄 생각도 안 한다. 그렇다면 우리 가족은 국가로부터 버림받은 채 굶어죽으라는 말밖에 안 된다.

국가는 나의 질문에 이렇게 답했다. 국방부는 "입영보다 결혼을 먼저 해 애를 낳은 것은 개인의 선택" 이라 했고, 병무청은 "계속 민원을 제기해도 우리는 규정대로 한다." 라고 했으며, 보건복지부는 "안타깝지만 군대 문제는 국방부의 소관사항" 이라고 했다. 역시 군대는 아직도 '까라면 까'는 곳임을 군대 가기 전부터 확실히 깨닫는 순간이다.

가난한 청년을 착취하는 군대

더욱이 21개월의 군 복무 기간 동안 받게 될 전체 급여는 겨우 내년도 월 최저임금 957,220원의 두 달 치에 불과하다. 국가가 인정한 최저임금도 부시한 나머지 19개월의 군복무는 명백한 무상노동이고 착취이며, 국가폭력일 뿐이다. 더 따지고 보면 군복무는 24시간이고, 최저생계비는 8시간 기준이기 때문에 실제 21개월 군복무에 따른 사병월급은 최저임금의 두 달 치가 아니라 겨우 약 17일분에 불과하다. 군대에 가도 집에서 용돈을 부쳐줘야 생활할 수 있다는 것은 모두가 아는 비밀이 된 지 오래다.

그래서 이미 수년 전부터 사병월급 현실화 이야기가 있었고, 최소 월 30만 원은 줘야 한다는 주장이 당시 열린우리당 임종인 국회의원으로부터도 나왔지만, 아직도 요원한 상태이다. 그나마 이런 시도가 있었기에 현재의 사병월급이 저 정도 수준까지 오른 것이다. 1인당 GDP가 2만 달러가 넘는 경제대국에서 대다수 젊은이들이 수행하는 국방의무에 대한 정당한 보상도 하지 않는 게 제대로 된 국가인지 의문이다. 아직도 우리는 6 · 25 때를 살고 있는 듯하다.

특히 '88만원 세대' 에게 약 2년간의 군복무를 무상노동으로 한다는 것은 심각한 경제적 문제로까지 이어지므로 우리가 이 문제에 각별한 관심을 가져야 할 핵심적인 이유가 된다. 2012년도 최저임금이 시간급 4,580원이고, 하루 8시간 근무를 한다 쳐도 군복무기간 동안 약 2,000만 원을 벌 수 있으며, 이 정도의 금액이면 학자금 대출이나 집세 또는 생활비를 벌기 위해 자신의 청춘을 저당 잡힐 필요까지는 없다.

실제로 군복무 기간 동안 돈을 많이 번 제대군인들을 보면 그런 점을 확인할 수 있다. 자이툰 부대로 이라크에 파병 갔다 온 친구들이나 학사장교를 통해 3년간 군복무를 한 친구들은 1,000~3,000만 원 정도를 저축해 돌아왔고, 이 돈을 통해 어학연수나 해외유학 등에 나서는 사례를 많이 봤다. 이미 고전적인 사례지만 산업체기능요원이나 전문연구요원으로 복무해도 사병월급보다는 훨씬 더 많은 임금을 받고 대체복무를 하며, 그 기간 동안 자신의 전공과 특기, 적성을 살리기도 한다.

이렇게 국방의무의 수행과정에서 겪는 차별은 엄연히 존재하고 있으며, 가난한 젊은이들을 더욱 깊은 수렁 속으로 집어넣는다. 그런데 국가는 이런 상황을 역이용하며 즐기기까지 했다. 돈이 부족한 청년들을 대상으로 부사관이나 유급지원병으로 복무하면 돈을 벌 수 있다고 선전했다. 돈 많고 빽 있는 집 아들은 면제되고, 입대해도 편하게 군생활을 하고 있는 상황에서 병무청은 치사하고 옹졸하게 군인을 선발하고 있다.

10년간에 걸친 고민과 실천들

2012년이면 내가 군 입영 신체검사를 받은 지 딱 10년째다. 군대를 5번이나 다녀오고도 남을 시간이 지났지만, 나는 아직도 병역미필자다. 군부독재에 의해 수십 년간 지배당해 군사주의 문화가 뿌리박힌 대한민국은 그 자체로 하나의 거대한 '군대' 다. 이러한 곳에서 병역미필자는 여성과 장애인처럼 사회적 배제와 차별을 당하고 있다. 취업공고란을 보면 남자의 경우 군필자 또는 면제자만을 대상으로 하기 때문에, 직장을 구하기도 힘들다. 또한 지난 10년 동안 주변 사람들 대부분은 마치 병무청 징병요

원인 듯, 나에게 왜 군대에 빨리 가지 않느냐고 질문을 가장한 독촉을 해왔다.

처음에 나는 군대에 다녀오고 나면 대학등록금이 너무 많이 올라서 결국에는 졸업을 하지 못할까봐, 그나마 조금이라도 등록금이 낮을 때 빨리 졸업이라도 해야겠다는 생각이었다. 이런 생각은 적중했다. 그런데 대학을 다니던 중 군대, 그리고 생명과 평화와 관련해서 많은 일들이 벌어졌고, 그러한 일에 나도 일정 부분 동참을 하게 되면서, 생각이 복잡해졌으며, 깊어져만 갔다.

9·11테러와 그에 이은 미국의 아프가니스탄과 이라크에 대한 공격, 이에 동참하는 한국군의 파병, 주한미군의 재배치에 따른 평택 미군기지의 확장과 이에 저항하는 대추리-도두리민들의 투쟁, 새만금 살리기를 위한 성직자들의 3보 1배, 천성산 고산습지의 도롱뇽을 구하려는 지율스님의 단식, 한국전쟁 전후 민간인 학살지역에 대한 평화순례, 그리고 내가 대학 새내기였을 때 한국사회에서 본격적으로 시작된 '양심에 따른 병역거부' 운동이 던지는 화두들을 그냥 내던져 버릴 수는 없었다.

나는 대학생이었기에 시대가 던지는 문제의식에 대해 공부도 하고, 그에 따른 실천도 병행해야 한다고 생각했다. 그리고 그러한 고민과 실천이 지금까지 계속 이어져 왔다. 그래서 결국 나는 군대의 합리적인 개선을 위한 다음의 내용들을 생각하게 되었다.

양육수당 신설, 최저생계비로 사병월급 현실화, 사회복무제로의 완벽한 전환

대한민국 남자가 군대에 가는 이유는 헌법에 나온 국방의 의무를 병역법에 따라서 시행하기 때문이다. 하지만 이것은 행위에 대한 설명일 뿐이지, 그 본질적 사유는 아니다. 국방이란 내가 속한 정치공동체(영토 · 주권 · 시민으로 구성된 국가)를 외부의 위협으로부터 방어하기 위한 시민의 의무로서 주로 군사적인 활동에 참여하는 것이다. 그렇다면 군인은 국가의 노예가 아닌, 군복을 입은 시민으로서 그 시민적 권리를 보장받아야 한다.

이런 점에서 몇 가지를 함께 고민해보자. 우선 매년 입대하고 있는 수십만 명의 현역병 중 극소수에 불과한 유자녀 기혼자의 생계문제 해결을 위해 양육수당을 신설하는 것은 어떨까. 현재의 사병월급으로는 기혼자 현역병 가정의 생계문제 해결은 절대 불가능하다.

또 사병월급을 국가가 인정하는 최저 생계비 수준으로 현실화해볼 필요도 있지 않나. 아무리 생각해도 국가의 의무라는 명목으로 대한민국 건국 이래 가장 불쌍한 청년세대들을 너무 값싸게 부려먹기만 하는 것 같다.

나아가서 단순히 병역으로만 한정되어 있는 국방의 개념을 현실적인 맥락에서 보다 포괄적으로 확대해볼 수 있지 않나. 이미 공익근무요원 · 산업체기능요원 · 전문연구요원 등이 수행하고 있는 대체복무제도와 연계하여 보건 · 환경 · 사회복지 · 농업 등 다양하고 폭넓은 방향으로 확대하고, 개인의 소질과 적성에 따라 자발적인 선택의 기회를 널리 부여하는 사회복무제로의 완벽한 전환을 고려해 보는 것도 좋다. 이 점에서 독일 녹색당이 1980년대부터 주장한 평화정책인 '사회적 방어'[1]라는 개념을 새롭게 도입했으면 좋겠다.

물론 현역병에 대한 양육수당 지급, 사병월급 현실화, 사회복무제로의 전환을 실행하기에 앞서 현 정부 들어 중단된 군 복무기간 단축부터 원상복귀했으면 좋겠다. 이러한 것들은 시민으로서 당연히 국가에게 요구할 수 있는 권리라고 생각한다. 시민이 국가를 지킬 때, 국가가 시민을 지켜줘야 하는 것은 공화국의 기본원리가 아닌가. 또 시민은 다양한 방법을 통해 국가를 방어할 수 있다.

하지만 군대와 국방의 문제에 있어서 아직도 6·25시절에서 벗어나지 못하는 국가의 관리들은 이런저런 핑계를 들이 댈 테고, 최후에는 예산타령을 할 것이 분명하다. 심지어는 국가에 대한 충성심이 없다는 모욕을 줄지도 모른다. 하지만 현 정부는 국토생태(영토)를 파괴하는 데 22조 원 + α를 쏟아붓고 있다. 또한 외적의 방어에 따른 최대 수혜자는 부유한 자들의 재산일 텐데, 현 정부는 그들에게는 세금감면까지 해줬다. 온갖 문제가 첩첩산중으로 쌓였고, 건설의 필요성에도 의문인 제주 해군기지 사업에 1조 원을 투입하고 있다.

돈 타령은 집어치우라고 하자. 국토생태파괴를 멈추고, 국방으로 혜택

---

1) 이 분야의 대표적인 연구자 중 한 사람인 오스트레일리아 울런공 대학의 브라이언 마틴(Brian Martin)에 따르면, 사회적 방어는 군사적 방어에 대한 비폭력적 대안 개념으로 군사적 침략 또는 정치적 억압에 대항하기 위한 사회 공동의 비폭력 저항을 일컫는다. 이를 위해 보이콧, 불복종, 파업, 시위, 대안 공동체 건설 등 광범위한 저항과 설득, 비협조, 개입 방식을 동원한다.(정용욱, "'군사적 방어'가 아닌 '사회적 방어'", 2005년.(미간행))

을 입는 자들에게 방어세를 징수하며, 쓸데없는 군비증강사업들을 없애면 충분히 가능하다. 이제는 관점을 전환해야 한다. 군인도 시민이고, 시민으로서 대우해야 한다. 그리고 국방정책은 대상자가 같은 청년대책과 동일한 사회적 맥락에서 다뤄져야 한다. 이러한 방향으로의 정책 전환에 가장 적합한 정당은 '사회적 방어' 라는 평화정책을 옹호하고, '탈핵, 탈토건, 탈성장' 을 전면에 내걸고 있는 녹색당이다. (2011.12.22.)

제2장

병역거부와 군대비판

‘양심에 따른 병역거부’를 지지합니다

김동주(경북대 불문과 ’01학번)

2003년 7월 22일, 26세의 한 젊은이는 ‘양심에 따른 병역거부’를 선언했습니다. ‘여호와의 증인’이 아닌 사람으로 8번째지요. ‘양심에 따른 병역거부’란 자신의 종교, 정치적 사상, 생명과 평화를 사랑하는 신념에 따라, 전쟁이라는 살인 및 파괴행위와 그 집단인 군대를 거부하는 것입니다. 여기서 ‘양심’이란 자신의 신념과 의지입니다. 이렇게 병역거부자들을 위해 비군사적, 민간봉사적인 활동의 방식으로, 현역복무자들과의 형평성을 맞추기 위해 시행하는 것이 ‘대체복무제’입니다.

한국에는 징병제가 있어서 모든 남성은 의무적으로 군대에 가야 합니다. 하지만 자신의 양심에 따라 살인훈련받기를 거부하는 사람이 존재합니다. 국가는 이러한 병역거부자들을 위한 대체복무제를 시행해야 하는데, 아직 한국에서는 그러한 대체복무제가 없습니다. 그래서 병역거부자들은 ‘병역기피죄’로 3년 정도의 실형을 선고받아 교도소에 가게 됩니다. 지금까지 1만여 명 정도가 수감생활을 했고, 현재 1,700명 정도가 수

감되어 있습니다. 그리고 꾸준한 증가 추세에 있고, 이러한 수치는 세계적으로도 유례가 없을 정도로 많은 숫자이며 법적, 사회적 처벌 또한 매우 가혹한 것이라 하겠습니다.

이렇게 신념을 지키기 위해 군대를 거부하는 사람들을 감옥으로 보내는 것은 가장 기본적인 인권을 무시하는 행위입니다. 지난해 UN인권위원회에서도 한국 정부에 '양심에 따른 병역거부권'은 인간의 기본권이라 권고한 바가 있습니다.

자신의 신념을 지키기 위해 감옥 가는 것도 감수하는 이들을 위해서, 그리고 이 땅의 모든 생명과 평화를 위해서 병역거부권은 인정받아야 되고, 대체복무제도 개선되어야 합니다.

※ 출처: 생활정보지 〈북대구 라이프매일〉, " '양심적 병역거부' 논쟁 후끈 - 찬 · 반 지상논쟁", 2003년 7월 29일(화) - 제50호 8면 '캠퍼스'

양심에 따른 병역거부자의 3중 처벌

김동주(인문대 불어불문 '01학번)

'일사부재리의 원칙' 이란 것이 있다. 간단히 말하면, 법학에서 '한 가지 죄에 대해서는 한 번의 처벌만 해야 한다.' 라는 것인데 '양심에 따른 병역거부자' 들에게는 이 원칙이 통하지 않는다. '병역기피죄' 하나에 3번의 처벌이 있기 때문이다.

병역법 제76조 '병역의무불이행자에 대한 제재' 조항에는 국가기관이나 지방자치단체장, 고용주는 징병검사 기피자, 징집 및 소집을 기피하는 자 등을 채용 또는 임용을 할 수 없도록 돼 있고, 재직 시에는 해고하도록 하고 있다. 또 이를 이행하지 않았을 경우 6개월 이하의 징역이나 2천만 원 이하의 벌금에 처하게 돼 있다. 병무청은 현재 종교적 신념 등을 이유로 한 병역거부자를 병역기피자로 규정하고 있다.

병역거부자에게는 '병역기피죄' 로 1년 6개월에서 3년 정도의 실형이 선고된다. 이것이 첫 번째 처벌이다. 출소 후에는 위와 같은 조항으로 취업에서 불이익을 받는다. 이것은 두 번째 처벌이다. 마지막으로 세 번째 처벌은 바로 '사회의 시각' 이다. 병역거부자들을 바라보는 사회의 시각은 아주 냉소적이다. '여호와의 증인' 을 이단으로 몰아가는 것을 제외하더라도, 병역거부자들의 개인웹사이트 및 병역거부 토론란을 악의적인 비난성 글들로 도배하는 것을 보면 병역거부에 대한 사회의 인식이 어떤지 알 수 있다. 말 그대로 사회적 매장을 당하고 있다.

'일사부재리의 원칙' 이 통한다면, 병역거부자들에게 법적 처벌은 불필요하다. '병역거부' 가 아닌 그것을 지지하는 것조차 악의적으로 공격당하는 현실에서 그들은 이미 처벌당하고 있기 때문이다.

덧붙여, 교도소란 범죄를 행한 사람을 일정장소에서 일정기간 동안 신체적 구금을 통해 그 사람을 교화시키는 데 목적이 있다. 그러나 '병역거부자' 의 경우 2~3년의 징역을 살고 나온 뒤에도 그들의 병역거부 사유는 소멸되지 않는다. 종교적, 양심적, 정치적, 평화적 이유의 병역거부자들을 구속하더라도 국가권력이 원하는 체제순응적 인간으로 교화되고, 그들의 신념이 바뀌는 것은 아니다. 그러하기에 더더욱 법률적인 처벌은 불필요하다.

※ 출처: 〈경북대신문〉, 2004년 5월 31일.

'양심에 따른 병역거부권' 인정을 환영한다

[나의 의견] 국가인권위원회 병역거부권 인정…
대체복무제 마련 권고

김동주 시민기자 | mzsinbi@gmail.com

국가인권위원회는 2005년 12월 26일 전원위원회를 개최하여, 양심에 따른 병역거부권을 인정하고, 대체복무제도를 마련하라고 권고했다. 이는 그동안 국방부와 병무청, 대법원과 헌법재판소가 양심에 따른 병역거부권을 인정하지 않았던 것에 비추어 볼 때, 국가기관으로서는 최초로 이 사안을 인정한 것이다.

나는 이번 국가인권위원회의 결정이 조금은 늦었고, 비록 법적인 강제력이 없지만, 우리 사회의 인권 개선과 한반도 평화를 위해 상징적인 물꼬를 텄다고 생각한다. 그동안 양심에 따른 병역거부라고 하면, 대부분의 사람들은 병역거부자들의 진정한 마음을 헤아리지 않은 채, 그저 군대가기 싫은 사람들의 변명일 뿐이라고 애써 무시해 왔다.

왜냐하면, 징병제가 유지되는 한국사회에서 대부분의 남성들은 힘들고 비인간적인 군복무를 해왔기 때문에, 이른바 '본전심리'가 작동하여, 군대에 가지 않는 남성들을 미워했던 것이다. 또한, 남북의 군사적 대치라는 '냉전이데올로기'는 한국전쟁이 중단된 지 반세기가 흘렀지만 아직도 작동하고 있기 때문이다.

이 두 가지 이유 때문에, 대부분의 군필 남성들은 '양심에 따른 병역거부'에 대해 이해조차 하지 않으려 했다. "양심적으로 병역을 거부한 것이라면, 군대 간 사람은 모두 비양심이냐?"라는 발언과, "양심적 병역 기피"라는 말들이 바로 이러한 것들의 증거이다.

한국사회에 양심에 따른 병역거부라는 말이 들어온 지 올해로 5년째 되었다. 그동안 '여호와의 증인' 신자 이외에도 20여 명의 사람들이 종교적, 평화적, 정치적, 생태적 신념에 따라 병역거부를 선언하였고, 구속되었다. 정말로 양심에 따른 병역거부를 한번이라도 알고자 한다면, 아주 쉽게 알 수 있던 기회도 많았다. 관련 서적만 해도 4권[1)]이 출판되었고,

---

1) ① 안경환 · 장복희 편, 2002, 『양심적 병역거부』, 사람생각. ② 김두식 지음, 2002, 『칼을 쳐서 보습을: 양심에 따른 병역거부와 기독교 평화주의』, 뉴스엔조이. ③ 이석우 엮음, 2005, 『양심적 병역거부: 2005년 현실진단과 대안모색』, 사람생각. ④ 이남석 지음, 2004, 『양심에 따른 병역거부와 시민불복종: 병역거부권과 사회적 소수자 문제에 대한 정치철학적 접근』, 그린비.
이러한 책 이외에도 박노자 교수가 쓴 『당신들의 대한민국』에도 병역거부 관련 글이 있으며, 이 글을 쓴 이후에 ⑤ 하승우 지음, 2008, 『군대가 없으면 나라가 망할까: 먼저 총을 내리겠다는 바보, 병역거부자 이야기』, 뜨인돌. ⑥ 전쟁 없는 세상 · 한홍구 · 박조자 지음, 2008, 『총을 들지 않는 사람들』, 철수와영희, ⑦ 임재성 지음, 2011, 『삼켜야 했던 평화의 언어: 병역거부가 말했던 것, 말하지 못했던 것』, 그린비. 등의 책이 출판되었다.

병역거부 관련 단체들만 해도 3개[2]나 된다.

이제 우리 모두는 이러한 관련 자료들을 읽고 학습해야 한다. 국가인권위원회는 국가안보보다 보편적 인권을 우선시했기 때문에, 양심에 따른 병역거부를 인정했다. 또한 보편적 인권과 국가안보의 양립이 가능하다고 밝힘과 동시에 그것을 수행할 수 있는 '대체복무제도'를 마련하라고 권고했다.

이제 남은 것은 병역법의 개정을 통해 대체복무제도를 마련하는 것과 동시에, 한국 사회가 양심에 따른 병역거부권을 이해하도록 노력하는 것이다. 국가에 의해 공식적이고 합법적이며 독점적으로 사람을 죽일 권한을 갖고 있는 체계적인 집단인 '군대'일지라도, 그 안에는 인권이 존재한다. "군바리도 사람이냐?"라는 말에 이제 우리는 "맞다."라고 답할 수 있을 정도의 인권의식을 갖고 있어야 한다.

한국사회는 그동안 너무나도 인권의식이 부족하였고, 모두들 '냉전이데올로기'의 희생양이 되어왔다. 징집되어 군복무를 한 사람이나, 자신의 신념에 의해 군대를 거부하는 사람들, 또한 장애인과 여성이어서 군대에 가지 않아도 되는 사람들 모두가 실제로는 '냉전이데올로기'의 피해자일 뿐이었다.

---

2) 양심에 따른 병역거부권 인정과 대체복무제 도입을 위한 연대회의, 전쟁 없는 세상, 평화인권연대.

우리 사회의 인권의식 고양에 앞장서온 국가인권위원회의 이번 결정은 한국 사회의 인권의식 향상에 또 하나의 이정표를 세웠다. 이것은 지난 60여 년간 신체적 구속와 사회적 멸시를 감수하면서까지 병역거부를 해왔던 1만여 명에 달하는 '양심에 따른 병역거부자' 들의 노고와 그들을 지지해줬던 수많은 시민들의 노력이 합해져서 만든 결과이다.

그들에게 축하의 박수를 보낸다.

※ 출처: 2005. 12. 27. 〈제주의 소리〉

병무청을 폐지하고,
사회복무청으로 전환을?

김동주(제주환경운동연합 대안사회팀장)

"병역법 제16조의 규정에 의하여 2012년 3월 12일 충남 논산시 연무읍 금곡리 육군훈련소에 현역병으로 입영하도록 결정되었음을 알려드립니다."

2002년 7월 4일, 김대중 정권에서 군 입영 신체검사를 받고 1급 현역복무 판정을 받은 지 10년이 지났다. 노무현 정권에서 한 번, 이명박 정권에서 한 번씩 입대영장을 받았었기에, 이번이 세 번째다. 5번이나 군대를 다녀오고도 남을 시간 동안, 나는 도대체 군대와 국가가 무엇이고 무엇을 하고 있는지 끊임없이 지켜보면서, 그 문제에 대해 생각해오고 있다.

역사에서 살펴볼 때, 대한민국이라는 국가의 건설과정에서 벌어진 4·3과 한국전쟁과 같은 국가권력에 의한 대규모 민간인(자국민) 학살 사건은 우리나라와 우리 군대의 원죄다. 여기에 더해 5·18 광주민주화운동 당시 민간인을 살해한 일, 군대에서 발생했던 각종 의문사와 인권침해뿐 아니라, 한미동맹만을 강조하면서 이라크에 전투병을 파병했고, 미군의 전략적 역할 변화에 따라 대추리와 도두2리를 밀어버리고 평택 미군기지를 확장했으며, 대규모 해군전략기지를 제주도에도 만들고 있다.

차라리 모르는 게 편했을까. 모든 것을 알게 된 지금 나는 이등병으로 입대해야 한다. 외적의 침입을 막기 위한 국방의 의무에는 동의하지만, 국가와 군대가 그동안 벌였었고, 현재도 자행하고 있는 추악한 현실은 그냥 두고 볼 수 없다. 지금 강정마을을 보면, 이것은 내 나라가 아닌 것 같고, 내 나라의 군대가 해서는 안 되는 짓이다.

따라서 현재 잘못된 방향으로 가고 있는 국가권력과 군대를 바로잡아야 한다. 이를 위해서는 국방의 개념을 보다 포괄적으로 확대하는 것이 타당할지 모른다. 국방이란 위기에 처한 나라를 지키는 것이다. 즉, 우리나라의 사회적 양극화를 해소하면서, 지구가 처한 생태적 위기를 극복하기 위해 인간안보와 환경안보를 위한 방향으로 바뀌는 것이 역사가 요구하는 국방의 새로운 개념이라는 주장이다. 이런 점에서 현재의 징병제를 지난 몇 년 전부터 정부가 도입하고 있는 '사회복무제' 로 전면 전환하는 것을 검토할 필요가 있다. 한국전쟁 직후 형성된 60만 명이 넘는 대군을 최첨단 무기로 무장하고 있는 21세기에도 계속 유지해야 하는지에 대해 질문을 던져야 한다.

폭력적이고 파괴적일 뿐인 군대와 군비를 축소하고, 사회복지 · 농업 · 환경 등 지속가능한 미래를 위한 분야로 인력과 예산을 배분해야 한다. 그동안 "남의 집의 귀한 아들들을 '신성한 국방의 의무' 라는 핑계를 대며 강제로 징집" 했던 군사주의적인 병무청을 폐지하고, 누구나 공동체를 위한 의무로서 각자의 특성을 살려서 국가와 사회에 기여할 수 있는 분야를 선택해 복무할 수 있도록 '사회복무청' 으로 전환되어야 한다.

이 글이 신문에 실리는 날이면 나는 육군훈련소에 있어야 될 몸이지만, 10개월 된 아이를 키워야 되므로 올해 말까지 입영연기신청을 했다. 아이를 키우는 것도 중요하지만, 국가가 국민의 목소리에 귀 기울이지 않을 때 이를 바로잡는 것 또한 중요하다는 생각이 점점 확고해지고 있다.

※ 출처: 〈한리일보〉, 2012년 3월 13일(화)

민방위와 사회적 방어

김동주(제주환경운동연합 대안사회팀장)

지난달에 민방위 1년차 교육훈련에 다녀왔다. 산천단에 위치한 소방교육대에서 4시간 동안 소화기의 종류와 역할에 대해 배우고, 각종 재난 관련 동영상을 시청한 뒤, 지하공간에서 화재가 발생할 경우 대피하는 방법까지 체험했다. 몇몇 불량한 태도를 보이는 대원들도 있었지만, 이번 민방위 교육훈련은 일상생활 속에서의 재난에 대처할 수 있는 대응력을 키워주는 좋은 시간이었다.

그런데 민방위는 "적의 침공이나 (중략) 재난으로부터 주민의 생명과 재산을 보호하기 위하여 정부의 지도하에 주민이 수행하여야 할 방공, 응급적인 방재 · 구조 · 복구 및 군사작전상 필요한 노력지원 등 일체의 자위적 활동"이다(국가재난정보센터). 정의에서도 살펴볼 수 있듯이, 한국전쟁이 한창이던 1951년 1월 계엄사령부에 민방위 총본부를 창설하는 것으로 시작된 민방위는 주로 군사적인 업무를 보조하는 국가총동원 체제의 일부로 진행되어왔다. 물론 현재는 지진(해일)이나 홍수, 화재와 같은 재난에 대응하는 훈련으로 점차 변하고 있지만, 국가가 주도하는 군사적인 업무의 보조 또는 지원이라는 근본적인 성격은 변하지 않았다.

정전협정을 맺은 지 이제 60년이 다 되어가고 있고, 그동안 수백만 명이 넘는 젊은이들이 군복무를 했으며, 천문학적인 예산이 군사비로 지출이 되었지만, 과연 언제까지 적들의 위협에 노출되어야 하는지 되묻지 않을 수 없다. 수십 년 동안 한반도에서만 지속되어온 '냉전적 평화' 는 한반도 주민들과 자연환경을 볼모로 삼은 수구세력과 군산복합체들만을 위한 평화였다. 이제 21세기에는 새로운 평화의 개념이 필요하고, 적극적으로 실천해야 한다. 이런 맥락에서 군대의 보조적 성격인 민방위 또한 냉전적 평화의 테두리에서 벗어나서, '사회적 방어' 라는 대안으로 변화해야 한다.

사회적 방어는 군사적 방어에 대한 비폭력적 대안 개념으로 군사적 침략 또는 정치적 억압에 대항하기 위한 사회 공동의 비폭력 저항을 일컫는다. 이를 위해 보이콧, 불복종, 파업, 시위, 대안 공동체 건설 등 광범위한 저항과 설득, 비협조, 개입 방식을 동원한다. 또 정부의 억압에 대한 지역사회의 방어뿐 아니라 재난대응도 포함하는 개념이다. 즉, 사회적 방어는 인권, 민주주의 등과 같은 사회의 불가침적 요소들을 모든 억압과 폭력으로부터 비폭력적으로 방어하는 것이라 할 수 있다.

민방위에서 국가주도의 군사적 대응을 분리하고, 시민 주도의 비군사적인 지역공동체 방어로 전환하는 것이 바로 사회적 방어다. 정부가 강행하는 해군기지 건설은 이미 강정마을과 제주도라는 지역사회 공동체, 그리고 구럼비 바위를 중심으로 한 자연생태계를 무참히 파괴하는 국가폭력이다. 따라서 비폭력적으로 저항하는 강정주민들을 비롯한 평화운동가들과 이들에게 지지를 보내는 많은 시민들은 공동체와 자연환경을 지키기 위한 '사회적 방어'를 이미 실천하고 있다. 진정한 방어를 위한 전환의 실마리는 여기서 시작할 수 있다.

그나저나 내년에 현역병으로 입대해야 하는 내가 민방위대로 편입된 것을 보면, 우리나라의 안보가 매우 위험한 상황인지, 아니면 정부의 방어 체계에 문제가 있는 것인지 궁금할 따름이다.

※ 출처: 〈한라일보〉, 2012년 5월 22일(화)

군인 사병월급을 최저임금 수준으로 현실화하라!

김동주(제주환경운동연합 대안사회팀장)

최근 내년도 시간당 최저임금이 올해보다 6.1%(280원) 오른 4,860원으로 결정됐다. 월급으로 받게 되면 주 40시간(월 209시간) 기준으로 101만 5,740원이다. 올해보다 약간 인상되기는 했지만, 저임금 노동자의 생존권을 보호하고 사회 양극화를 개선하기에는 매우 턱없이 부족한 금액이다.

그런데 이러한 저임금 노동자보다 노동 강도가 세고, 노동시간도 더 길지만, 최저임금 기준도 적용받지 못하는 국민이 있다. 바로 헌법에 따른 국방의무를 이행하는 일반 사병들이다. 올해 기준으로 이등병은 8만 1,500원, 일병은 8만 8,200원, 상병은 9만 7,500원, 병장은 10만 8,000원의 월급을 받고 있다. 노동자 월 평균 임금 235만 원에 비춰본다면 이른바 '껌값' 에 불과한 수준이다. 그래서 군복무 중인 사병들 중에는 월급이 부족해 집에서 용돈을 받아 쓰는 경우도 꽤 많다. 거꾸로 생각한다면 국가가 지급해야할 사병 월급을 가족들이 추가로 지급하는 것과 마찬가지다. 아무리 국민으로서 의무를 이행한다고 하지만, 그 과정에서 필요한 경비는 자체적으로 조달 가능하도록 국가가 보장을 해줘야 되는 것 아닌가.

더욱이 청년실업이 사회적 문제로 대두된 상황에서 군 복무 중 사실상 아무런 자산도 적립할 수 없다는 것은 군 전역 이후의 삶을 피폐하게 만드는 원인으로 작용한다. 육군 현역병의 군 복무 기간은 21개월로 이 기간 동안 월급을 모두 모은다면 194만 3,200원이다. 그런데 같은 기간 동안 국가가 정한 최저임금을 보장받는다면, 이보다 10배 이상 많은 약 2천만 원을 받을 수 있다. 이 정도면 대학등록금뿐 아니라, 외국여행이라든지 소자본 창업도 충분히 가능한 금액이다. 우리나라 젊은이가 정당한 대가를 받으면서 국방의 의무를 수행한다면, 청년들의 삶은 지금보다는 훨씬 풍요로워질 수 있다.

더욱이 사병의 월급은 사병의 인권과도 매우 밀접한 관련이 있다고 생각한다. '껌값' 에 불과한 사병 월급이니, 사병의 인권도 '껌값' 으로 취급하는 것이다. 이러한 인식은 사회에서도 마찬가지로, 저임금 비정규직 노동을 대량으로 양산해 착취하다가, 필요 없을 때는 해고시켜버리는 자본가들의 태도와 일맥상통한다.

이처럼 사병월급 현실화는 사회 전반적으로 영향을 끼치는 매우 중요한 문제지만, 그동안 군 인력의 대다수를 차지하는 사병의 월급에 대해서는 의무를 수행한다는 측면에서 매우 인색했다. 현재의 수준이 된 것도 그나마 사병출신 대통령인 노무현 정권 때 이뤄진 것이었다. 지난 4 · 11 총선 과정에서도 각 정당에서 인상안을 공약으로 제시하기는 했지만, 월 30~40만 원 수준이어서 최저임금에는 한참 못 미친다. 최근에 국방부가 내년부터 3년 동안 26%씩 인상해 2015년에는 현재의 두 배로 지급하겠다는 계획을 발표했지만, 최저임금의 절반도 되지 않는 수준이고, 그마저도 돈줄을 쥔 기획재정부에서 복지포퓰리즘이라 비난하면서 제동을 걸고 있는 상황이다.

의무라는 명목으로 젊은이들의 삶과 노동을 착취하면서 지키는 평화가 과연 그 젊은이들을 위한 평화인지 되묻지 않을 수 없다. GDP 2만 불을 달성한 넉넉한 국가는 한 번뿐인 꽃다운 20대를 볼모로 잡힌 청년병사들에게 정당한 대가를 지불하라.

※ 출처: 〈한라일보〉, 2012년 7월 10일(화)

10년 동안 군 입대를 늦추다 보니

김동주(제주환경운동연합 대안사회팀장)

병역미필자라는 신분이 넉 달도 채 남지 않았다. 2002년 7월 4일 입영 신체검사를 받았으니, 오늘로 나의 입영연기는 대학원 학업과 자녀 육아 사유로 인해 만 10년 2개월 동안 지속되어왔다. 오랫동안 병역미필자로 살아 보니 구조적으로 할 수 없는 일이 너무 많았다.

첫째, 취업. 대부분의 채용공고를 보면 남성은 병역필 또는 면제자를 조건으로 한다. 안정된 일자리를 얻을 수 없으면 삶을 꾸려나가기 힘든데, 병역미필자는 가장 기본적 인권인 노동할 권리를 박탈당하고 있다. 입사하자마자 곧 군대에 가서 2년 동안 복무해야 한다는 것은 고용주에게도 걱정거리이긴 하지만, 병역미필자의 노동권에 대한 문제제기보다는 그들을 채용대상에서 제외시키는 편한 방법을 택한 결과다. 그래서 병역미필자들이 참여 가능한 노동은 시간제 근로나 비정규직이 대다수다.

둘째, 해외여행. 지금은 사라졌지만 병역미필자가 해외여행을 하기 위해서는 귀국보증인이 필요했다. 그런데 보증인은 토지와 주택에 대한 연간 재산세 합계가 3만 원이 넘는 사람만이 가능했다. 병역미필자가 해외로 도망갔을 경우, 그에 따른 벌금 5,000만 원을 납부해야 하기 때문에 정부는 그러한 경제적 능력을 납세영수증으로 확인했다. 즉, 재산이 별로 없는 사람은 귀국보증인을 할 수 없기에, 내 아버지는 아들의 귀국보증을 못했다. 더욱이 국외여행허가제도는 아직도 남아있다. 나는 첫 해외여행을 포함해 일본, 중국, 필리핀, 유럽 등지로 총 6번의 외국방문경험이 있고, 매번 여행허가 기간 내로 귀국을 하였지만, 지난 7월 신청한 국외여행허가에 대해 제주지방병무청은 나이가 많다는 이유로 거부했다.

셋째, 정치. 아직 군대를 안 갔다 왔다고 선거에 나가지 못하는 법은 없지만, 그동안 사회고위층의 병역면제비리가 횡행했기 때문에 유권자들에게 입후보자 본인 및 직계가족의 군복무이행은 매우 중요한 관심사항이다. 설령 병역미필자가 당선이 된다 할지라도 재임기간 입영연기를 보장하는 제도가 없다는 점은 정치철학적 관점에서 한번 되새겨볼 필요가 있다. 민주공화국의 시민에게는 국가와 관련된 의무와 권리가 둘 다 부여되지만, 국방의무를 수행하기 전에는 피선거권이라는 참정권이 사실상 박탈되고 있기 때문이다. 학업, 군대, 취업, 사랑 등 청년문제를 풀기 위해서 정치가 할 수 있고 해야 할 일은 많지만, 현재 정치제도는 자신들의 일에 직접 나서도록 하기보다는 타인에게 대리시키는 방향으로 설계되었다.

위와 같은 사회적 배제와 차별은 병역미필자를 한국사회의 온전한 시민으로 보고 있지 않다는 증거이며, 문제해결을 위해 거의 아무런 사회적 대응도 없었다는 결과다. 특히 입영 연기자들을 '신성한 국방의무를 수행해야 할 대상자'로 위치지우며, 그들을 자신들이 내리는 징집명령에 굴복하도록 수동적인 존재로 만들어, 수십만 명에 달하는 '병역미필자'의 정체성과 주체의식을 갖지 못하게 한 정부의 태도도 중요한 작용을 했다.

국민으로서 의무와 권리는 선후관계가 아니기 때문에, 아직 국방의무를 안 했다고 기본권을 제약하는 것은 불합리하다. 군 복무 이전에도 교육권, 선거권은 보장된다. 따라서 병역미필자에 대한 과도한 배제와 차별은 해소되어야 한다. 그나저나 넉 달 후에 나는 어디로 갈까?

※ 출처: 〈한라일보〉, 2012년 9월 4일(화)

국가는 병역의무자의 자녀양육권을 즉각 보장하라

김동주(제주환경운동연합 대안사회팀장)

아이를 낳고 키우는 일은 부부 둘이 해도 어렵고 힘든 일이다. 아침에 일어나 아이를 씻기고 옷을 입힌 뒤 어린이집에 보낸 후 출근을 한다. 저녁에 퇴근하자마자 다시 어린이집으로 달려가 보지만 늘상 우리 아이만 혼자 남아있다. 일을 하느라 늦을 수밖에 없지만, 벗 없이 혼자 부모를 기다리는 아이에게 항상 미안하다. 그런 아이를 안고 집으로 데려와 밥 먹이고 같이 놀다가 잠자리에 드는 게 지난 1년간 우리 부부의 생활이었다.

그런데 내가 내년 초에는 현역병으로 군대에 가야 한다. 나와 아내, 둘이 함께 키우던 아이를 이제는 아내 홀로 키워야 하는 문제가 남겨져 있다. 내년부터는 어떻게 해야 할까? 아내는 직장을 옮겨야 하나, 어린이집을 옮겨야 하나, 아니면 직장 근처로 이사를 해야 하나 고민을 하고 있다. 나는 옆에 있어주지 못하기 때문에 선뜻 말을 꺼내지도 못한다. 어찌 되었든 아내가 짊어져야 할 짐은 나의 빈 자리보다 결코 작지 않다.

내 아내가 군대를 가야 하는 남자와 만나 결혼을 하고 아이를 낳아 같이 살고 있다는 이유만으로 이렇게 큰 부담을 가져야 하는지 의문이 들었다. 국민으로서 국방의무를 갖고 있지만, 국민이기에 앞서 부모로서 자녀에 대한 양육의무도 있다고 생각했다.

헌법재판소 판례(2005헌마1156)를 찾아보니, "양육권은 공권력으로부터 자녀의 양육을 방해받지 않을 권리라는 점에서는 자유권적 기본권으로서의 성격을, 자녀의 양육에 관하여 국가의 지원을 요구할 수 있는 권리라는 점에서는 사회권적 기본권으로서의 성격을 아울러 가지며" 또한 소수의견으로 "자녀의 출산과 양육은 국가를 유지하기 위한 인적 기반이 된다는 점에서 국가공동체의 생존 및 발전, 나아가 인류의 존속을 위해서도 결코 소홀히 할 수 없을 뿐만 아니라 자녀에 대한 양육권은 부모의 천부적인 권리인 동시에 부모에게 부과된 의무"라고 결정하였다.

즉, 양육의무는 국방의무와 마찬가지로 헌법으로 보장된 의무일 뿐 아니라, 국가에 대한 국민의 권리라는 것이다. 그렇다면 국방의무와 자녀양육권리의무는 제도를 통해 서로 조화롭게 수행되어야 한다. 특히 나의 경험에 비춰봤을 때 양육의무에는 1) 처자식의 생계를 위한 경제적 활동, 2) 자녀의 정서 및 사회적 발달을 위한 아버지의 역할, 3) 배우자와 가사노동 분담 등이 기본적으로 포함된다.

따라서 국가는 내가 군복무를 하는 과정에서 위의 세 사항을 기본적으로 보장해줘야 한다. 노동자의 최소 육아휴직급여인 50만 원 수준으로 사병 복무자에 대한 양육수당을 신설 · 지급해야 한다. 연간 30만 명의 입영자 중 아이가 있는 병역의무자는 1,000명도 안 되기 때문에 추가 지출되는 예산은 60억 원이며, 2013년도 국방예산 34조 6천억 원의 약 0.018%에 불과하다. 또한 현재도 결혼을 해서 아이를 키우는 현역병은 상근예비역으로 편입해서 출퇴근 복무를 하고 있지만, 특정한 소수는 제외되어 있으므로, 불합리하고 위헌적인 조항을 폐지해서 모든 병역의무자의 자녀양육권리의무를 보장해야 한다. 민주공화국의 시민으로서 헌법에 근거해 요구한 최소한의 기본적인 권리를 국가가 보장해주지 않는다면, 나는 국가와 맺은 사회계약을 파기할 수밖에 없다고 단호히 밝힌다.

※ 출처: 〈한라일보〉, 2012년 12월 25일(화)

‘서른 즈음에’ 쓰는 ‘이등병의 편지’

김동주(육아휴직 중인 현역병 입영대상자)

군대 다녀온 사람들은 반드시 한 번씩은 꾼다는 ‘군대 가는 꿈’을 나도 여러 번 꿔봤다. 처음에는 순순히 입소를 하고 훈련도 받았는데, 그런 꿈을 자주 꾸다 보니 어느 순간에는 훈련소 문을 뛰쳐나와 도망가는 수준에 이르기도 했다. 실제로도 그렇게 될지는 나도 모르겠다.

오는 주말이면 만 30세가 된다. 원래는 1월 21일 논산 훈련소로 가야 했으나, 국민의 헌법적 기본권을 박탈하는 국가를 상대로 법정소송을 하겠다고 하니, 병무청에서 “더 생각해보라.”라며 입영연기라는 꼼수 같은 배려(?)를 해줘서 4월로 미뤄졌다. 어찌 되었든 올해 상반기 중에는 내 생애 마지막 현역병 입영통지서가 나온다.

서른 즈음에 이등병의 편지를 써야 하는 내 처지를 아는 사람들이 하나같이 던지는 말들이 있다. 처음에는 “다 늙어 군대 가면 어린 애들한테

고생 좀 당하겠다."라고 하다가, "그래도 옛날보다는 많이 좋아졌다."라고 하면서, "이제까지 안 가고 뭐 했나."라고 묻는다. 결국 마지막에는 "군대는 빨리 갔다 오는 게 상책이다. 그런데 안 가는 게 제일 좋다."라고 한다. 다 맞는 말이다. 사람취급도 제대로 못 받으면서, 월급은 형편없고, 가끔씩 사고가 발생해 죽거나 다쳐도 아무도 책임 안 지는 군대에 누가 가고 싶을까?

이런 대한민국 군대에 매년 30여만 명이 입영을 했고, 전역을 했다. 수많은 사람들이 겪은 열악한 군대상황이지만 왜 아직도 현실은 예나 지금이나 별반 다르지 않은가. 850만 명에 달하는 재향군인회 회원이 군대 문제 개선을 위해 노력했더라면 상황은 많이 변했을 것이다. 고민해보니 예비군 훈련까지 받느라 현역병 처우 개선을 자신의 일이라 생각하는 전역자들이 거의 없기 때문에 현실은 바뀌지 않은 것 같다. 실제로 군대 내부의 반인권적 제도와 관행을 감시하고 개선하기 위해 설립된 민간단체인 '군인권센터'는 양심적 병역거부자가 만들었다. 병장이 되면 이등병 당시를 다 잊는 것일까? 아니면 잊고 싶은 걸까?

올해 7월 27일로 한국전쟁 정전협정을 맺은 지 60년이 된다. 한 갑자의 시간이 지났는데, 아직도 변한 것은 없다. 오히려 지난 5년간 이명박 정부의 국방 · 안보 분야 실정으로 인해 상황은 더 꼬여만 가고 있다. 사병 복무기간 단축을 중단시켰고, 전시작전통제권 환수를 연기했으며, 멀쩡한 책들에 불온서적 딱지를 붙이기도 했다. 그리고 남북 대화 · 교류 · 협력을 무기한 중단시킨 결과, 연평도 포격 · 북핵 실험 · 미사일 발사를 유발시키면서 남북 간 냉전 상황이 열전으로 뒤바뀌는 듯하다. 한편 수도권을 지키는 군사공항인 성남비행장 활주로의 각도를 바꾸면서까지 15년간 논란이 되었던 제2롯데월드 신축을 허가해, 자본가의 사익을 위해 국가안보를 후퇴시키는 이상한 결정을 내렸다. 롯데호텔 사장은 이명박의 대학 동기였다.

박근혜는 이명박보다 나을 것인가? 연초부터 군복무기간 단축공약 폐기를 주장하는 군부관료세력의 준동이 심상치 않다. 이등병의 목숨은 군 최고통수권자가 어떤 국방정책을 펴는지에 달려있다. 아버지는 국가를 지키러 가는데, 국가는 그의 아들을 지켜주지 않겠다고 한다. 2002년 이후 매년 5~6명씩 나오던 병역거부자가 작년에는 아무도 없었다. 4월엔 무엇을 할 것인가, 무엇을 해야 하는가?

※ 출처: 〈한라일보〉, 2013년 2월 5일(화)

총으로 글을 쓸 수는 없지 않은가

김동주(육아휴직 중인 현역병 입영대상자)

총을 드는 것은 폭력이다. 총을 드는 것은 나의 목숨을 걸고 상대방(적)의 목숨을 끊어 그의 존재를 제거하겠다는 의지의 표현이자, 실행의 준비이다. 말 그대로 '생즉사 사즉생'과 '결사'의 자세로 총을 들어야 한다. 이러하니 아무 때나 함부로 들어서는 안 되며, 가능하면 들지 말아야 한다. 그러하니 총을 들어야 할 때는 매우 극한 상황일 수밖에 없다.

폭압자에 대항하여 총을 들었던 저항자들은 최후의 수단으로서 무장을 하였다. 그들은 폭력 이외의 다른 모든 수단과 방법을 동원하여서도 이루지 못할 때, 더는 대화와 타협이 불가능할 때 총을 들었다. 이에 반해 시민들에게 총을 겨눴던 권력자들은, 총을 드는 것이 다른 모든 수단과 방법, 그리고 대화와 타협보다 더 효과적이라 생각할 때 들었다. 폭력은 국가권력이 갖고 있는 하나의 통치 수단일 뿐이다. 국가폭력과 저항폭력을 같은 맥락에서 판단하면 안 되는 이유다.

역사 속에서 국가가 보호해야 할 시민들에게 그 국가가 총을 겨눴던 일은 부지기수였다. 하와이대학 교수 럼멜의 『정부에 의한 죽음』(Death By Government)이라는 책에 따르면, 지난 20세기 100년 동안 전 세계에서 2억 3백만여 명이 군대와 경찰 등 공권력에 의하여 살해되었고, 이 가운데 83%인 1억 6천9백만여 명이 민간인이며, 사망자의 65%인 1억 3천여만 명이 자신이 속한 국가 권력으로부터 살해되었다고 한다. 적 전투원이 아닌데도 희생당한 민간인에 대해 정부는 적으로 둔갑시켜 보고 · 기록하다가, 최근에는 전투과정에서 어쩔 수 없이 벌어진 '부수적 피해' 라면서 진실을 은폐코자 했다. 그럼에도 21세기에 벌어진 전쟁에서도 민간인 살상비율은 언제나 높았다.

이러한 사실은 굳이 멀리 갈 필요도 없이 지난 100여 년간은 피의 역사라고 할 만큼 우리의 근 · 현대사에서도 흔히 찾아볼 수 있다. 국민을 보호하는 역할을 하리라 기대했던 국가가 도리어 그 국민들을 학살했다면 뭔가 잘못된 것이다. 그렇다면 과연 우리가 속한 정치공동체의 정통 무장세력은 누구였던가? 자국민을 살해했던 국가권력인가, 아니면 외침과 폭정에 맞서 봉기했던 구한말 동학농민군과 의병, 일제하 항일유격대, 그리고 4 · 3 무장대와 5 · 18 시민군인가? 또 현재 합법적인 폭력을 독점하는 국가권력은 이러한 민중저항의 전통을 인정하고 계승하고 있는가? 사실 남과 북의 정권 모두 이런 점에서 핵심적 한계를 갖고 있다.

올해는 '4 · 3항쟁' 65주년이다. 해방 이후 미군정에서 일제출신 경찰과 우익청년단들이 제주도민들을 탄압하고 조국의 분단을 추진했을 때,

통일된 조국 수립을 위해 65년 전 4월 제주도의 청년들은 총을 들고 무장봉기를 하였다. 오는 4월 22일, 나는 육군훈련소에 입대한다. 4월에 총을 들게 되었기에, 65년 전 그들을 떠올려본다. 그들은 왜 총을 들 수밖에 없었을까? 그리고 나는 왜 총을 들어야만 하는가? 아무리 생각해도 총으로 글을 쓸 수는 없다. 그럼에도 영화 〈26년〉의 발칙한 상상이 현실보다 더 정의롭다고 느껴지는 것은 무엇 때문일까?

제3장

나의 평화주의자, 장 지오노

"전쟁의 참혹함을 통해 평화주의를 깨닫다"

'나무를 심은 사람'의 작가, 장 지오노

나무를 심은 사람

엘제아르 부피에라는 한 노인의 평생에 걸친 숲 가꾸기를 그린 작품 '나무를 심은 사람 (*L' homme qui plantait des arbres*)'은 1953년 리더스 다이제스트에 처음 발표되었고, 프레데릭 백에 의해 애니메이션으로 각색된 후 1988년 아카데미상을 수상하여 유명해졌다.

이 작품의 원작자가 바로 프랑스의 작가 장 지오노(*Jean Giono*, 1895~1970)다. '나무를 심은 사람'은 장 지오노의 전체 작품 세계 중에서 그다지 크게 다루어지는 것은 아니지만, 위 작품을 통해 우리는 그가 '생태주의자'라는 것을 짐작할 수 있다.

위 작품 이외에도 그가 처음 세상에 발표한 '목신' (PAN) 삼부작, 즉 언덕(Colline, 1929년 작), 보뮌느의 사나이(Un de baumugnes, 1929년 작), 그리고 소생(Regain, 1930년 작)을 살펴보면 특히 그러하다. 한편 이러한 생태주의적이라 평가할 수 있는 작품 이외에도 그는 더욱이 반인류적인 전쟁을 거부한 '반전평화주의자' 였고, 또한 그것을 실천한 '양심에 따른 병역거부자' 였다.

> *Je n' ai pas honte, mais A bien considerer ce que je faisais, c' etait une l' achete. J' avais l' air d' accepter. Je n' avais pas le courage de dire : <Je ne par pas a l' attaque.> Je n' ai pas eu le courage de deserter. Je n' ai qu' un seule excuse : c' est que j' etais jeune. Je ne suis pas l' ache.*
>
> 나는 부끄럽지는 않지만 곰곰이 생각해보면 내가 한 짓은 비겁한 행동이었다. 나는 동의하는 것처럼 보였다. "공격하지 않겠습니다." 라고 말할 용기도, 탈영할 용기도 없었다. 단 한 가지 변명을 하자면, 그것은 내가 어렸다는 것이다. 겁쟁이는 아니었다.

전쟁과 장 지오노

지오노가 스무 살이었을 때, 그는 1차 세계대전에 징집되어, 4년이 넘는 군복무를 통해 무수히 많은 죽음을 목격하였다. 지리한 공방전이었던 1차 대전에서 그는 베르덩-보, 르 쉬멩 데 담, 피농 습격, 르 케멜 등의 전투에 참가했다. 그러한 싸움으로 인해 170여 명의 중대원 중 자신을 포함해 단 3명만이 살아남았던 것이다. 이러한 전쟁의 참혹함은 그를 평화주의자로 만들었다.

1차 대전이 시작된 지 20년 후, 그는 다시 전쟁이 벌어질 것임을 느낀다. 그래서 그는 전쟁에 반대하는 한 편의 평화에세이를 발표한다. 1934년 11월, 문학잡지 '유럽' 특별호에 실린 '나는 잊지 못한다(*Je ne peux pas oublier*)' 에서 지오노는 전쟁의 참전을 통해 그 참상을 온몸으로 겪었지만, 탈영할 용기가 없었다고 고백하며 반성한다. 그래서 전쟁이 끝나자마자 반전평화주의를 주장하고, 그러한 행동을 실천해 나간다. 끝내는 전쟁의 원인을 권력과 자본주의에 있다고 보고, 전쟁의 제거를 위해 그것에 저항해야 한다고 주장한다.

군복을 입은 장 지오노

'나는 잊지 못한다'

Vous êtes morts, qu' on vous a tués au grand moment où vous cherchiez votre bonheur, et qu' on vous a tués pour rien, qu' on vous a engagés par force et par mensonge dans des actions ou votre interet n' éait pas.

자네들이 행복을 찾는 중요한 순간에 그들이 자네를 죽였고, 자네가 그렇게 죽어간 것을 잊을 수가 없어. 그들이 자네들을 아무런 이유도 없이 죽인 것도 잊지 않을 거야. 그들은 자네들을 힘과 거짓으로, 자네들이 흥미를 느끼지 않는 행위 속으로 밀어넣었지.

La guerre est le cœur de l' état capitaliste. La guerre irrigue de sang frâis toutes les industries de l' Etat capitaliste. La guerre fait monter aux joues de l' Etat capitaliste les belles couleurs et le duvet de pêche.

전쟁은 자본주의 국가의 심장이다. 전쟁은 자본주의 국가의 모든 산업에 신선한 피를 공급한다. 전쟁은 자본주의 국가의 뺨을 아름다운 색으로 물들이고, 솜털이 돋아나도록 한다.

'나는 잊지 못한다'를 엮은 '복종의 거부'(Refus d' obeissance)

Ce qui me dégoute dans la guerre, c' est son imbecillité.

전쟁에 대해 내가 역겨운 것은 바로 전쟁의 어리석음이다.

Inutile pour tous ceux qui sont sous la meule, pour la farine humaine. Utile pour qui alors?

절구통 안의 밀가루처럼 뒤섞인 인간들, 그들 모두에게 전쟁은 무용하다. 그러면 전쟁은 누구에게 유용한 것인가?

Mon sacrifice ne sert a rien qu' a faire vivre l' Etat capitaliste. Cet Etat capitaliste m' erite-t-il mon sacrifice?

나의 희생은 자본주의 '국가'의 생존을 부추기고 있을 따름이다. 이 자본주의 국가에게 내 희생을 바칠 가치가 있는가?

지오노의 평화주의 사상과 실천

2005년 여름, 나는 경북대 불문과 학사졸업 논문을 통해 그의 글을 반성, 기억, 저항의 틀로 분석하였다. 참전의 반성은 곧, 전쟁의 참혹성과 그렇게 죽어간 동료들, 그들을 죽음으로 내몬 자들, 그리고 그로부터 현재의 시간까지를 기억하는 것으로 시작되며, 그 투쟁은 권력(자)과 자본주의(국가)에 대한 저항으로 이어진다.

1차 대전을 형상화한 포스터. "14년 부터 18년까지의 지옥" 그 밑에 쓰인 문장은 "나는 전쟁을 잊지 못한다"이다.

산업기계문명이 일으키는 전쟁에 반대하고 그 원인이 되는 자본주의(국가)를 비판한다. 그리고 대지로의 회귀를 통한 인간의 본래적 행복추구를 그의 평화주의라고 요약할 수 있다. 지오노는 자신의 평화주의 사상을 글과 행동으로 실천했다. 평화를 나누는 '꽁따두르(*Contadour*)' 모임을 구성해 활동하였으며, 2차 대전이 발발해서는 참전을 거부해 2차례나 투옥되었다.

이미 70여 년 전에 전쟁을 겪은 한 작가의 삶과 사상을 통해 우리는 전쟁과 폭력에 대한 평화주의자의 명확한 입장과 실천을 볼 수 있다. 그것은 전쟁과 폭력에 대한 일체의 거부이고, 단호한 반대이며, 평화에 대한 투철한 의지다.

Nous savons donc maintenant trés nettement de quoi il s' agit. L' Etat capitaliste a besoin de la guerre. C' est un de ses outils. On ne peut tuer la guerre sans tuer l' Etat capitaliste.

우리는 이제 매우 명확하게 자본주의 국가가 무엇과 관계있는지를 안다. 자본주의 국가는 전쟁을 필요로 한다. 그것은 자본주의 국가의 도구 중 하나이다. 우리는 자본주의 국가를 전복시키지 않고서는 전쟁을 막을 수가 없다.

평화의 섬과 평화주의, 그리고 전쟁기지?

'세계 평화의 섬' 제주도민들이 장 지오노의 '나무를 심은 사람' 을 통해 배우는 것은 자연환경의 소중함이며, '나는 잊지 못한다' 를 통해 깨닫는 것은 비폭력 평화주의이다. 전쟁을 수행하는 군사기지가 제주도에 들어오려고 호시탐탐 기회를 엿보고 있을 때, 나는 장 지오노를 떠올려 본다. 그를 전선으로 끌고 간 자들, 그의 동료들뿐만 아니라 전선 너머의 친구들을 죽음에 이르게 한 장본인들은 아직도 살아서 다시금 나와 내 친구들을 전쟁으로 이끌고 있기 때문이다.

4·3이라는 한국 현대사의 어두운 면을 갖고 있는 제주도에서 그러한 것을 기억하고 반성해야 하며, 다시 반복됨에 저항해야 하는 것은 '평화의 섬' 주민들의 의무이며 권리이다.

('나는 잊지 못한다' 는 〈녹색평론〉 통권 81호(2005년 3-4월호)에 우리말로 옮겨져 게재됐다.)

※ 출처: 2006. 11. 17. 〈제주의 소리〉
이 글은 11월 17일자 한라일보 'NGO 칼럼' 에 실린 글을 수정·보완한 것입니다.

나는 잊지 못한다
JE NE PEUX PAS OUBLIER

장 지오노(Jean Giono)

나는 전쟁을 잊을 수 없다. 잊고 싶었다. 가끔은 2~3일 동안 전쟁을 생각하지 않고 지내는 날도 있지만, 갑자기 나는 전쟁을 다시 보고, 느끼고, 듣게 된다. 또다시 그것을 감내해야 하고 두려운 마음이 든다.

오늘은 아름다운 칠월의 마지막 저녁이다. 발아래에 펼쳐진 들은 붉게 물들어 간다. 얼마 후 밀을 수확할 것이다. 공기, 하늘, 땅은 그대로 거기에 있고, 평온하다. 20년이 지났다. 그리고 20년 전, 고통과 행복의 나날 속에서도 나는 전쟁을 씻어낼 수 없다. 그 4년간의 공포는 항상 내 안에 있다. 나는 그 흔적을 지니고 있다. 모든 살아남은 이들은 그 흔적을 지니고 있다.

나는 산악부대에서 4년간 보병대 이등병이었다. 내 상관이었던 'V' 씨와 나는 초기 제6중대에서 극소수의 생존자였다. 우리들은 에파르쥬, 베르덩-보, 누와용-생-깡뗑, 르 쉬멩 데 담, 피농 습격, 쉐브리용, 르 케멜 등의 전투를 치러냈다. 우리 제6중대는 밀이 담긴 철모처럼 27사단의 작은 그릇이었다. 철모에 병사들이 텅 비어 갈 무렵, 가느다란 홈에 끼인 곡식 알갱이처럼 마침내 더 이상 몇 명밖에 남아있지 않을 때, 갓 들어온 신병들로 또다시 보충되었다. 그렇게 제6중대는 수차례 채워졌다. 그리고 수차례 맷돌 아래로 사라져갔다. 'V' 씨와 나는 그들 중 최후의 생존자였다. 나는 그가 이 부분의 글을 읽기를 바란다. 그는 매일 저녁 나처럼 잊으려고 노력해야 했다. 그는 테라스 가에 앉아서, 포플러숲 사이로 찰랑거리며 흐르는 넘실대고 푸르른 강을 쳐다봐야만 한다. 그러나 2~3일마다, 나처럼, 다른 사람이 그러는 것처럼 감내해야만 한다. 그리고 우리는 끝까지 감내할 것이다.

나는 내 자신을 수치스럽게 여기지는 않는다. 1913년에 나는 내 또래친구들을 집결시키는 군사교련단체에 가입하는 것을 거부하였다. 1915년, 나는 조국에 대한 믿음 없이 떠났다. 그것은 잘못된 것이다. 믿지 않아서가 아니라 그냥 떠났다. 내가 말하고자 하는 것은 군에 지원을 했다는 것이다. 위험스러운 짓을 하기 위해 스스로 명령을 내린 것이다. 그래서 떠났다. 나는 눈썹을 가스에 그을린 것 외에는 전혀 부상을 입지 않았다. (1920년에 '가벼운 미적 손상' 이라는 이유로 3개월마다 15프랑의 제대연금이 나왔다.) 전쟁과 명백하게 반대되는 행위와 영국인에 대한 것을 제외하고는 결코 미화하지 않았다. 그래서 어떠한 공적도 없다. 나는 단 한 명도 죽이지 않았다는 것을 확신한다. 나는 총도 없이, 또는 사용하지도 않는 총을 들고 전투를 하였다. (전쟁의 생존자들은 한 줌의 흙과 오줌이 장대 같은 '르벨' 식 연발총을 몽둥이로 쉽사리 만들어 버리는 것을 잘 알고 있다.) 나는 부끄럽지는 않지만 곰곰이 생각해보면 내가 한 짓은 비겁한 행동이었다. 나는 동의하는 것처럼 보였다. "공격하지 않겠습니다."라고 말할 용기도, 탈영할 용기도 없었다. 단 한 가지 변명을 하자면, 그것은 내가 어렸다는 것이다. 겁쟁이는 아니었다.

나는 나의 젊음에 속았고, 또한 내가 어리다는 것을 알고 있던 자들에게 속았다. 그들은 매우 정확히 가르쳐주었다. 그들은 내가 스무 살이라는 것을 알고 있었다. 그들은 이 점을 잘 파악해 두었던 것이다. 그들은 인생과 교활한 술책을 알고 있으며, 20살의 청년들에게 피 흘릴 것을 받아들이라고 말할 줄 아는 늙은이들이다. 그들 중에는 선생들도 있다. 초등학교 6학년 때부터의 모든 선생들, 공화국의 행정관, 총리, 그리고 모병포스터에 서명하는 대통령, 끝내는 스무 살 젊은이들의 피를 이용하는데 어떠한 이해관계를 가지고 있는 자들이 있다. 또한 - 나는 그들을 잊었지만, 그들은 매우 중요하다. 영웅주의, 이기주의, 잔인성, 냉혹함, 명예, 운동, 거만을 찬양하던 작가들도 있다. 그 작가들은 모두가 늙은이는 아니었으나, 야심으로 인해 점차 늙어버린 젊은이였고, 지적인 욕망으로 젊음을 배반한 사람들이다. 단지, 그들은 배신자의 영혼을 가지고 있었기 때문이고, 배신할 수밖에 없는 사람들이기 때문이다. 그들은 나의 인간애(휴머니티)를 늦추도록 했다. 나는 그들의 은혜를 입었다. 왜냐하면 내가 유용한 행동을 하도록 해야 할 바로 그 순간에 인간애가 내 속에 싹트지 못하도록 방해했기 때문이다. 결국 해야 할 것은 이루어졌고, 해야 할 것은 의무로서 남아있게 되었다. 오늘 저녁 나는 발아래 테라스로부터 저 강까지 우유 짜기로 끝날 거대한 평원을 바라볼 시간을 온전히 가지게 되었다. 한낮의 여름은 밀을 짓누르고 더위가 밀가루를 느끼게 한다. 20년 전부터 이어져오던 밀 추수와 포도수확기, 나무의 새순, 다시 밀과 포도의 수확기, 내 몸의 새순 시기들이 연속되었음을 안다. 나는 그러한 20년을 잊을 수가 없다.

1919년 이래로 나는 내 삶에서 단 한순간도 전쟁에 맞서 싸우는 것을 생각하지 않은 적이 없었다. 전쟁이 나를 붙잡고 있는 동안, 나는 전쟁에 저항하여 투쟁해야만 했었다. 그러나 그때 나는 부르주아국가의 시인에 심취한 청년이었다. 나의 마음은 순수하고, 단순한 영혼을 가진, 구두수선공인 아버지에 의해 형성되고 다듬어졌다. 그러한 내 마음은 전쟁에 동의할 수 없었고, 그래서 잠근 총을 들고 전장을 누볐다. 나는 지금 그것을 후회한다. 잘 준비되어 있고, 광택이 나며, 잘 빠진 노리쇠와 기름이 잘 쳐진 탄약통을 가진 이 총은 지니고 다니기 좋았다. 사람들이 적에 대항하여 사용하라고 말해준 총이기도 하였다. 아버지에 의해 다듬어진 나의 심정이 이 적들을 알게 해주었어야 했다.

전쟁에 대해 내가 역겨운 것은 바로 전쟁의 어리석음이다. 나는 삶을 사랑한다. 나는 오로지 삶만을 사랑한다. 지나친 건지는 몰라도 아름답고 올바른 이유로 삶을 희생하는 것을 이해한다. 나는 치명적인 전염병환자들을 내 모든 능력을 아끼지 않고 돌보았다. 전쟁에서 나는 두려움에 떨었다. 항상 두려웠다. 불안에 떨었고, 다리가 후들거릴 정도로 겁에 질렸다. 왜냐하면 전쟁은 어리석고, 쓸모없기 때문이다. 나에게는 전쟁이 쓸모없다. 전쟁은 전선에서 나와 함께 싸웠던 동료들에게도 쓸모없다. 전쟁은 전선 저 너머의 친구들에게도 쓸모없다. 전쟁은 나를 향해 돌진하는 전선 너머의 친구 주변에 있는 동료들에게도 쓸모없다. 전쟁은 보병에게도, 기병에게도, 포병에게도, 조종사에게도 무용하다. 전쟁은 사병에게도, 하사관에게도, 중위에게도, 대위에게도, 소령에게도 무용하다. 주목하시오! 전쟁은 '대령' 에게도 무용하다고 말할 것이다. 네, 아마도 대령에게도 그렇겠지만 여기서 멈춥시다. 절구통 안의 밀가루처럼 뒤섞인 인간들, 그들 모두에게서 전쟁은 무용하다. 그러면 전쟁은 누구에게 유용한 것입니까?

1919년 이래로, 나는 끈기 있고 아주 철저하게 투쟁하였다. 모든 이들, 적들, 힘없지만 재능 있는 친구들, 재능 있지만 강한 적들, 그 모두와 함께 투쟁하였다. 그러나 그 당시 나는 은행에서 일하고 있었기 때문에 자유롭지 못했다. 전부 말하겠다. 그들은 내 일자리를 빼앗으려 했다. 이미 그 당시 그들은 "저놈은 공산주의자다!" 라고 말했다. 그 말은 곧, 그들은 나의 생계수단을 빼앗고, 나와 내 어깨에 의지하고 있는 모든 이들: 어머니, 아내, 그리고 내 딸들을 죽일 권리가 있다는 것이다. 하지만 나는 공산주의자가 아니며, 지금도 공산주의자는 아니다.

나는 '재향군인회' 에 가입하는 것을 거부했다. 그 시대에 그들은 예비역들의 지위를 확고히 하지도 않았고, 더더욱 신병들을 위한 것도 아니었으며 오로지 자신들만의 상호친목만을 위했기 때문이다. 그래서 우리는 'A.R.A.C' 를 설립하였다. 그러나 나는 패배한 땅에 있었다. 나처럼 생각하고, 행동하는 이들을 알지 못했다. 그래서 홀로 투쟁을 이끌어 나갔다. 내 가족 안에서만. 바로 여기서부터 시작해야 하지만 그것은 가장 어려운 일이기도 하다. 흔히 우리는 거기서부터 지고 만다. 나는 돈을 벌지 못했지만, 완고히 지속해갔다. 내 친구들 중 2~3명이 나를 따랐고, 아직도 나를 따르고 있다. 그리고 나는 글쓰기를 시작했다. 즉시 나는 삶을 위해 글을 썼고, 인생을 썼다. 나는 모든 사람의 인생을 지긋지긋하게 하고 싶었다. 인생을 급류처럼 격한 것으로 만들고 싶었다. 인생을 무뚝뚝하고 절망한 모든 사람들에게 달려들도록 하고 싶었다. 차갑고 푸른 인생의 물결로 그들을 치고 싶었다. 그들에게 민감한 피로 달아오르게 하고 싶었다. 기쁨과 건강과 서늘함으로 그들을 괴롭히고 싶었다. 그들이 구두 신은 발의 기반을 뿌리째 뽑고 싶었다. 그들을 격류로 데려가고 싶었다. 인생의 격렬한 흐름에 이끌린 자들은 더 이상 전쟁도, 사회적 부정의도 이해할 수 없었다. 4년이 넘는 동안 허영의 길에 대해 나를 절망하도록 만든 것은 사회의 부정의였다.

내가 반전에 대해 이야기했을 때, 순식간에 내가 옳다는 것을 알았다. 내 말에는 서늘한 공포가 흘러들었다. 나는 죽음의 냄새를 느꼈다. 움푹 파여 찢어진 배를 보았다. 나는 방을 가득 메운 사람들에게 새들이 눈을 먹어버린 지저분한 유령에 대해 말해 주었다. 나는 썩어 가는 친구들을 내 친구들과 나의 말을 듣고 있는 사람들에게 기억시켰다. 부상자들은 내 무릎에 기대어 신음하고 있었다. 내가 "더 이상은 결코 안 돼."라고 말했을 때, 그들은 "그래, 그래, 더 이상은 결코 안 돼."라고 모두들 나에게 대답했다. 그러나 그 다음날, 우리는 부르주아 시민의 부대 안에서 우리의 자리로 돌아갔다. 우리는 자본가들을 위해 자본을 재생산하기 시작했다. 우리는 자본주의 사회의 도구에 지나지 않았다. 2~3일 후에는, 그러한 분노는 사그라졌다. 먼저, 작업은 지나간 불행과 죽은 친구들을 잊게 할 정도로 충분히 힘들고 걱정스럽고 악한 것들만 주어졌다. 그리고 특히, 작업의 리듬은 우리를 마비시키기 위해 오래전부터 검토된 것이었다. 이 리듬은 할아버지에서 아버지로, 아버지에서 우리들에게로 거쳐 온 것이었다. 여러 세대를 거쳐 전해진 이러한 노예 정신은, 일을 마친 후, 끊임없이 계속되는 임신을 한 어머니들은, 이미 도덕적 복종의 표식만을 가지고 있는 사람들을 세상에 내어 놓을 수밖에 없었다. 그들이 말하길, "사회는 그렇게 나쁘지만은 않지. 사람들이 우리에게 믿기를 바라는 것처럼 조국을 위해 싸운다고 당신은 말하겠지(여기서 알고 있듯이, 저기서 그렇게 작동하지 않잖아.), 그러나 광물, 인광석, 석유를 채굴하는 나는 광부이다. - 그리고, 당신도 광부이지요? - 만약, 광산이 문을 닫으면, 우리는 무엇을 먹고 살지요?" 내가 대지주에 대해 이야기했을 때, 3헥타르의 소유를 목표로 삼는다고 믿는 소농들이 있었다. 또한, 석유를 팔기 위해 가게 뒷방에 5배럴의 석유를 저장한 가게주인이 있었다. 부르주아 체제에 대한 무의식적인 집착은 그들 스스로 논리적이 되는 것을 막는다. 그들 또한 나처럼 전쟁을 두려워했다. 그들은 역사도, 영광도 없지만 놀랄 만한 용기를 지니고 있었다. 티푸스와 디프테리아를 구원할 수도 있었고, 아이를 구하기 위해 물불을 가리지 않고 뛰어들 수 있었다. 미친개를 잡을 수도, 마구달리는 말을 멈추게도 할 수 있었다. 벼락이 치는 세상 끝까지 폭풍우 한 가운데를 뚫고, 밤중에 대평원을 수 킬로미터나, 개를 찾기 위해 걸어갈 수도 있었다. 그들도 나처럼 전쟁에 두려움을 가지고 있다. 전쟁을 통해 그들은 마찬가지로 육체가 인지하는 두려움이 전쟁의 비인간성으로부터 온다고, 옛 역사가 과장되고 있는 것을, 그들의 육신의 조국애 속에서 아주 절실히 느끼고 있었다. 그러나 아직 뱃속에 있을 때처럼 어머니에 바짝 붙는 본능의 이러한 측면으로 인해 그들은 예속하는 습성을 물려받았다. 물론, 나도 마찬가지지만, 이 습성은 그들에게 광부가 되어, 광산으로 들어가라고, 농장에서 농부가 되라고, 대로변에서 가게를 차리도록 허락한다. 그러나 부르주아지의 소용돌이치는 심연으로부터 벗어날 것을 말하지만, 부르주아적 세습은 수영선수가 커다란 몸짓으로 팔을 벌리는 것을 방해하는 것과 같다.

한 가지 우리가 명확해야만 할 것은, 나는 '우리'라고 말하는데, 왜냐하면 나 또한 격렬한 열정과 우유부단에 빠져버렸기 때문이다. 반전투쟁을 시작할 때부터, 우리는 반정부투쟁에 들어선 것이다. 스스로 말하길, "자네는 사무실의 관리와 악수하기를 거부할 거야. 어느 날, 그들 중의 한명이 네 가족이 되거나, 너의 우정에 놀란 관리와 친구가 되었다고 할지라도, 너의 대문을 열어주지는 않을 거야." 그러나 그들이 나에게 말하길, "그것은 그들의 잘못이 아니잖아." 그리고 그들이 다른 직업을 선택할 수도 있었음을 생각하면서 나는 그들의 잘못이 아님을 깨달아야만 했다. 스스로 말하길, "자네는 딸이 가지고 있는 『프랑스사』에서 전쟁을 찬양하는 것들을 모두 없애 버릴 거야." 그러나 그 모두를 지워야만 했다. 그리고 내가 시도한 모든 것에도 불구하고, 학교선생님이 내게 와서 말하길, "지오노 씨, 무엇을 원하십니까? 우리가 무엇을 할 수 있지요?" 내가 친구들을 다시 봤을 때, 내게 대답하길, "석유, 사과, 석탄, 일자리, 돈, 봉급. 전쟁은 계속 존재할 거야. 자네는 무엇을 원하는가? 다 그런 거지." 그들은 내게 이렇게 이야기할 수밖에 없다: "전쟁은 인간의 본성이네." (이렇게 대답하는 자들은 책을 읽는 교활한 자들이다.) 들판을 걸을 때마다

가끔, 풀을 가지고 노느라 머리카락이 헝클어진 어린아이들을 만났다. 그리고 그 모든 것이 푸줏간의 고깃덩이보다 못하다는 것을 알았고, 그래서 더 이상 슬퍼하는 것 외에는 아무것도 할 수 없었다.

전쟁에 내항하는 것은 위법으로 간주되는 유일한 행위이다. 자본주의 국가는 실제로 인간의 삶을 자본생산의 기본 물질처럼 여긴다. 자본주의는 그것을 자신의 재생산에 쓸모 있는 동안은 이 물질을 보관한다. 왜냐하면 그것은 하나의 물질이고, 보존을 필요로 하기 때문이다. 또한, 자본을 더 유연하게 하기 위해 생존을 받아들인다. 자본주의 국가는 우리가 할 수만큼의 정도로만 징싱스럽게 여자가 아이를 낳도록 하는 모성을 지닌다. 자본주의 국가에는 초등학교 장학사가 어린아이의 뺨을 어루만지러 오는 학교가 있다. 자본주의 국가에는 22명의 선수와 4,000명의 관중들이 운동을 즐길 수 있는 경기장도 있다. 이미 전투, 투쟁, 수용소의 구경거리가 있다. 또한 자본주의 국가는 군대도 가진다.

길가에서 풀을 뜯고 노는 어린아이들은 단지 내가 좋아하는 스타일인 2~3명만 아름다움과 인간적 자유를 누릴 수 있을 것이다. 만약에 내가 '그가 푸른 눈을 가졌다.' 라고 생각하거나, 일생 동안 푸른 눈을 가지는 영광을 그가 누릴 거라고 생각하거나, 세상을 유랑하는 금발들처럼, 희망과 실패와 사랑을 찾기 위해 떠날 것이라 생각한다면, 또 만약 내가 '별들이 보이는 거대한 초원에서 조금 전, 인간애를 느끼게 하는 음악, 형태, 리듬을 아마도 그의 머릿속으로 생겨난다.' 라고 생각한다면, 만약에 틀림없이 그를 사람 중의 사람으로, '뷔글' 나팔을 불어대는 연주자가 아닌 한 사람의 청취자처럼, 원 안에 서있는 자가 아닌 청중들의 한 사람처럼, 생각한다면, 나 자신은 스스로에게 이렇게 말한다.: 무슨 일을 하든 간에 살아있다.

나는 이러한 삶에 감탄한다. 자본주의 국가는 이러한 삶을 이용한다. 전쟁은 대재앙이 아니라, 통치의 방법이다. 자본주의 국가는 인간이 '행복' 이라 부르는 것을 찾고 있음을 알지 못하고, 행복해지는 것이 인간의 본질임을 모르고, 인간이 뼈와 살로 만들어 졌음을 알지 못한다. 자본주의 국가는 오로지 자본생산을 위한 기본적인 물질로서 알고 있다. 자본을 재생산하기 위해서, 어떤 경우에는, 전쟁을 필요로 한다. 마치 목수가 대패를 필요로 하듯이, 자본주의 국가는 전쟁을 이용한다. 어린아이, 푸른 눈, 어머니, 아버지, 기쁨, 행복, 사람, 평화, 나무의 그늘, 바람의 시원함, 변덕스러운 물길, 자본주의 국가는 이러한 것들을 알 수 없다. 자본주의는 국가와 법률을 통해 인간이 향유할 자유로운 세상의 아름다움에 대한 권리를 인정하지 않는다. 자본주의는 오로지 피와 황금만을 위한 법만이 존재한다. 자본주의 국가에서 즐길 수 있는 것들은 오로지 피와 황금을 누리는 것뿐이다. 법률과 교수들과 명망 있는 시인들이 말하는 것은 이러한 것이 우리들에게 희생의 의무가 있다는 것이다. 나와 당신, 그리고 다른 사람들 모두는 희생해야만 한다. 누구를 위해서? 자본주의 국가는 도살장으로 가는 길을 친절하게 은폐한다.: 당신들은 조국을 위해 희생하는 것이다. (그들은 아주 뻔뻔하게 그것을 이야기한다.) 그러나, 당신의 다음에 당신의 아이들은, 미래 세대들은, 그렇게 세대에서 세대로 지나간 후, 결국 이 희생의 과일을 마지막에는 누가 먹는가?

우리는 이제 매우 명확하게 자본주의 국가가 무엇과 관계있는지를 안다. 자본주의 국가는 전쟁을 필요로 한다. 그것은 자본주의 국가의 도구 중 하나이다. 우리는 자본주의 국가를 전복시키지 않고서는 전쟁을 막을 수 없다.

객관적으로 말한다. 여기 그 기능을 수행하는 조직화된 존재가 있다. 우리가 개, 고양이, 2열 무한궤도 전차라고 부르듯 그것은 자본주의 국가라고 불린다. 그것은 내 책상 위에 펼쳐진 채로, 복부가 열려있다. 나는 그 조직체가 작동하는 것을 본다. 이러한 조직화된 존재 속에서, 전쟁을 제거하려면, 그것을 매우 세차게 흔들어서 삶 속에서 불순하게 해야 한다. 마치 개의 심장을 제거하듯, 마치 무한궤도 전차의 27번째 중앙모터를 없애서 전차의 작동에 가장 중요한 아치형의 완벽한 움직임을 제거해야 한다.

내가 좋아하는 것들을 알아야지요.: 나 자신으로 사는 것, 아이들은 아이답도록 내버려 둘 것, 혹은 내 희생이, 자본주의 국가에서 삶의 지속성을 보장하게 할 것? 앞으로도 객관적이 되도록 합시다. 내 희생이 무엇을 위한 것인가? 아무것도! (나는 듣고 있습니다. 음지에서 심하게 울지 마시오. 공장에서의 학살에 대해 처절한 아가리로 얘기하지 마시오. 당신의 작업장이 문을 닫아서 더 이상 집에는 빵이 없다고 나에게 말하지 마시오. 사람들이 춤추고 있는 성의 창살에 대고 고함치지 마시오. 나는 다 들려요!) 내 희생이 자본주의국가의 생존을 부추기고 있을 따름이니까요. 이 자본주의 국가에게 내 희생을 바칠 가치가 있을까요? 자본주의는 부드럽고, 인내심이 많으며, 사랑스럽고, 정직합니까? 국가는 모두를 위한 행복을 찾아줍니까? 자본주의라는 항성(별)의 움직임이 선함과 아름다움을 가져다줍니까? 지구가 중심점으로 향해 있듯 자본주의는 전쟁으로 가져가지 않습니까? 나는 내 자신에게 대답하기 위해 묻는 것이 아니라, 각자 스스로 대답할 수 있도록 질문해 보았다.

나는 살고 싶다. 나는 살고 싶고, 전쟁을 막고, 자본주의 국가를 전복하고 싶다. 나는 나의 순수한 행복에 전념하고 싶다. 나는 내 희생을 원치 않는다. 그 누구의 희생도 원치 않는다. 누구를 위해서건 나를 희생하는 것을 거부한다. 나는 나의 행복과 다른 이의 행복만을 위해 희생하고 싶다. 나는 자본주의 국가의 정부, 교수, 시인, 철학자들의 조언을 거부한다. 방해하지 마시오. 나는 그들이 어디 있는지 알고 있다. 내 아버지와 어머니가 내 팔, 다리, 머리를 만들어 주셨다. 그것은 나를 위해 사용하라는 것이다. 그래서 나는 그것을 이번에 사용하려 한다.

우리는 더 이상 장대 같은 긴 총을 메고 전장을 거닐 수는 없다. 멸시, 희생의 수용, 비저항, 이 모든 것들은 지금 효과적일 수 없다. 자본주의 국가가 기꺼이 그 심장을 뽑을 것이라 믿는가? 전쟁은 자본주의 국가의 심장이다. 전쟁은 자본주의 국가의 모든 산업에 신선한 피를 공급한다. 전쟁은 자본주의 국가의 뺨을 아름다운 색으로 물들이고, 솜털이 돋아나도록 한다. 당신이 감상적이고, 훌륭한 바보이고, 장대 같은 총을 들고 전선을 누비고 있으므로, 자본주의 국가가 기꺼이 당신의 심장을 뽑아 갈 것이라 생각이나 할 수 있겠는가?

단 한 가지 대책이 있다.: 우리의 힘이다. 그것을 이용하는 유일한 방법이 있다.: 반항이다.

아직 사람들이 우리의 소리를 듣지 않았기 때문이다.

우리가 아파 신음할 때, 사람들은 우리에게 전혀 대답을 하지 않았기 때문이다.

내 몸의 이마와 손발의 상처를 보여 주었을 때, 사람들은 우리로부터 멀어졌기 때문이다.

왜냐하면, 동정심도 없이 사람들은 가시관을 또다시 가져왔고 자, 여기 못과 망치를 준비하였기 때문이다.

대지는 평화롭게 빵을 만든다. 여름의 안개는 밀밭에서 나와서 온 지평선을 가린다. 모든 지방으로 번져가는 느린 움직임 속에서, 안개는 밝게 빛나는 작은 가루들의 흔들거림을 드러낸다.: 그것들은 너무 일찍 여물은 곡식의 가벼운 더미들이 날리는 것이다. 여름의 무더운 저녁이 어둠을 몰아오고 있다.

'보' 요새 전투 중, 야전병원 앞 내 옆에서 죽은 '드부되', 난 자네를 떠올리네. 걱정마, 널 보고 있어. 네 얼굴은 털가시나무의 잎들이 놓인 언덕에 있고, 네 입은 이 작은 골짜기에 있어. 더 이상 움직이는 않는 네 눈은 골짜기의 모래가루 속의 먼지로 가득 차 있구나. 부서진 네 몸뚱이, 뱃속에 둘둘 감싼 네 손은, 기관총이 산능선에 있는 포격구덩이에 닿을 듯 퍼부어 우리는 네 곁에 머물러야 했고, 보기가 너무 끔찍해서 그 위로 던진 군용외투 밑처럼, 저기 그늘 아래 어딘가에 있어,

'보' 요새 전투 중, 야전병원 앞 내 옆에서 죽은 '마루와', 난 자네를 떠

올리네. 마치 자네가 아직도 살아있는 것처럼 네가 보여. 하지만 네 금발 콧수염은 지금은 '필립의 밭' 으로 불리는 밀밭이 되었어.

'보' 요새 전투 중, 야전병원 앞 내 옆에서 죽은 '졸리베' , 난 자네를 떠올리네. 하지만 얼굴이 한 방에 뭉개져버려서 더 이상 자네를 볼 수 가 없네. 내 손에는 자네 살의 부스러기를 가지고 있어. 자네의 커져가는 끔직한 신음소리가 들리네. 그리고는 잠잠해졌지.

'보' 요새 전투 중, 야전병원 앞 내 옆에서 죽은 '베르깡' , 난 자네를 떠올리네. 자네는 배에 총 한 방을 맞고 쓰러졌지. 나는 자네 뒤에 엎드려 있었지. 연기가 자네를 가렸어. 나는 자네의 등이 산처럼 보였어.

난 자네들 모두를 떠올리네. 그리고 자네들을 다시 보네. 그리고 자네들이 들리네. 자네들은 밀려오는 안개 속에 있고, 이 땅에도 있지. 자네들은 광대한 세상을 차지하였어. 나를 둘러싸고, 나에게 말하네. 자네는 세상이고, 바로 나이기도 하지. 나는 자네들이 살아있던 사람이라는 것을 잊을 수가 없네. 또한 자네들이 행복을 찾는 중요한 순간에 그들이 자네를 죽였고, 자네가 그렇게 죽어 간 것을 잊을 수가 없어. 그들이 자네들을 아무런 이유도 없이 죽인 것도 잊지 않을 거야. 그들은 자네들을 힘과 거짓으로 자네들이 흥미를 느끼지 않는 행위로 밀어 넣었지. 나는 자네들에게서 우정, 웃음, 그리고 즐거움을 알았어. 나는 자네들을 단지 도구처럼 간주한 전쟁의 지도자들을 잊을 수가 없어. 내가 본, 자네들의 피와 부패한 육신은 이제 흙이 되었고, 자본가들 주머니 속의 은행수표가 되었네. 체제가 필요로 하는 피와 황금으로 바꾸기 위해 자네들의 맑은 육신을 토막 낸 그들을 절대로 잊을 수 없어.

이제 자네들은 이겼어. 왜냐하면 자네들의 얼굴이 모든 안개 속에 있고, 온 계절의 소리에 있고, 온 밤 속의 신음에 있기 때문이지. 자네의 몸은 괴물의 몸이 바다를 부풀리듯이 땅을 부풀리네. 나는 잊을 수가 없네. 용서할 수도 없어. 자네의 완강한 존재가 우리들을 연민으로부터 지켜주네. 만약 잊는다면, 우리 친구들을 위해서도 마찬가지로 지켜줄 거야.

(불문과 졸업반이던 23세 김동주 옮김)

제4장

군사기지 없는 평화의 섬, 제주

국가안보를 넘어 비무장과 비폭력 '평화의 섬'으로 나가자[1]

김동주[2]

- 양심적 군사거부국가를 제안한 평화운동가 오다 마코토(小田 實) 선생을 기리며

학살의 기억, 4 · 3

제주도는 한반도에서 90km 정도 남쪽에 위치한 대한민국에서 가장 큰 섬으로, 55만 명의 사람들이 거주하고 있다. 그리고 감귤재배와 밭농사 위주의 농업과 관광업이 주요 산업인데, 해마다 500만 명의 관광객들이 방문하고 있는 대표적인 관광지이다. 역사적인 측면에서는 4 · 3이라는

---

1) 이 글은 한국에서 발행되는 격월간 인문 · 사회 · 생태 비평지 『녹색평론』(www. greenreview.co.kr) 2007년 7~8월호에 실린 글을 대폭 수정한 것입니다.

2) 제주환경운동연합 대안사회팀장. mzsinbi@gmail.com

현대사 최대 비극의 기억을 간직하고 있는 곳이기도 하다.

제주 4 · 3은 일제로부터 해방 이후 국가건설과정에서 발생하였다. 남과 북의 분단된 정부수립에 반대하고, 우익의 탄압에 저항하여 남로당 제주도당 무장대가 1948년 4월 3일부터 무력투쟁을 전개하였다. 이에 대해 한반도의 38선 이남을 통치하던 미군정과 48년 8월 15일 수립된 이승만 정부는 정규군과 우익청년단을 동원하여 이들을 진압하였으며, 그 과정에서 그 당시 제주도민의 10%가 넘는 약 3만 명의 사람들이 대부분 국가권력에 의해 희생당하였다. 그리고 그것은 대량학살(genocide)이었다.

그 후에도 4 · 3은 묻힌 역사였지만, 끊임없이 진실 밝히기를 위해 투쟁해 왔다. 이는 1987년 민주화투쟁 이후 본격화되었고, 그 결과 1999년 '4 · 3특별법' 이 제정되어 국가 차원의 진상규명과 명예회복이 시작되었다. 그리고 2년 전에는 정부에 의해 '세계 평화의 섬' 으로 지정되기까지 했다.

겉으로 보기엔 4 · 3이 해결되어 간다는 느낌이 들 수도 있겠지만, 아직도 갈 길은 멀다. 그 당시 학살의 생존자들은 제대로 된 보상도 받지 못하고 수십 년 동안 고통을 몸 안에 새긴 채 살아가고 있다. 그리고 제주지역의 초 · 중 · 고등학교 등의 교육기관에서는 아직도 공식적인 교육이 이뤄지지 않고 있다. 더욱 심각한 것은 4 · 3으로부터 얻은 평화에 대한 교훈을 국가권력과 수구세력들이 회피하고 있는 것이다. 이것은 현재 매우 노골적으로 진행되고 있는 대규모/최첨단 군사기지 건설시도에서 드러나고 있다.

제주도와 군사기지의 역사

먼저 제주도와 군사기지의 관계에 대해 살펴보자. 역사를 거슬러 올라가면, 고려 때 삼별초와 여몽연합군에서부터 찾아볼 수 있지만, 최근의 것은 일제 말기라 할 수 있다. 1940년대 후반 만수에 배치되었던 관동군 7만여 명이 제주로 이동하여, 미군의 상륙에 대비해 '본토' 를 수호하는 '결7호 작전' 을 세웠다. 그리고 이 작전계획에 따라 제주도 내 대부분의 오름과 해안가에 진지동굴을 구축하였고, 군부대가 주둔하였다. 당시 제주도민이 모두 20만 명이었으니, 이 군부대의 규모는 실로 엄청난 것이었다. 일본군이 주둔한 부대의 흔적은 아직도 남아있는데, 1차 지휘본부였던 제주도 서부지역에 위치한 '가마오름' 은 지금은 '평화박물관' 이라는 관광지로도 개발되어 있다.

또한 일제는 제주도민들의 땅을 몰수한 뒤 정뜨르, 알뜨르, 진드르('드르' 는 '넓은 들' 이라는 뜻의 제주어) 등 3곳에 비행장을 건설하였는데, 그중의 하나인 정뜨르가 현재의 제주국제공항이다. 그리고 제주도 서남부 대정읍에 위치한 알뜨르 비행장의 경우, 대중국 폭격전초기지로 활용되었으며, 아직도 이곳에는 그 당시 일제가 사용한 비행기 은폐용 콘크리트 격납고 20여 기가 남아있다. 특히 이 알뜨르 비행장은 일제가 패망한 뒤에도 주민들에게 돌려주지 않은 채 국방부가 소유하고 있으며, 천연잔디로 덮인 비상활주로가 있다.

지난 1988년 노태우 정권은 필리핀 수빅과 클라크에서 철수하는 미군기지를 바로 이곳으로 이전하려는 계획을 발표하였다. 하지만 그 당시 지역주민들은 '송악산 군사기지설치 결사반대 도민대책위원회' 를 중심으로 투쟁하여 군사기지화 정책을 막아낸 바 있다. 물론 그 이전인 1960년대 일본에서 오키나와 미군기지 반환문제가 이슈로 떠오르자, 박정희 정권은 제주도를 그 이전 대상지로 결정하여, 미군기지를 유치하려고 적극 추진한 적도 있었다.[3)]

그리고 최근의 제주도 해군기지 설치 문제는 지난 2002년에 다시 수면 위로 드러났다. 그 당시에도 제주도 서남부 지역 알뜨르 비행장 바로 옆인 '화순항'에 해군기지를 설치하려던 계획이 있었지만, 제주도민의 반대와 당시 기지건설을 유보하겠다던 노무현 대통령 후보의 당선으로 중단되었다. 하지만 그것이 끝은 아니었다. 다시금 해군은 제주도에 최첨단 군함인 이지스함(07년 5월 25일 진수한 '세종대왕함'), 대형 상륙함(경항공모함이며, 05년 5월 진수된 '독도함'), 3천 톤급 잠수함 등 20여 척으로 구성되는 기동함대의 모항인 대규모 해군기지 설치를 비밀리에 진행하고 있었다. 여기에 더해 지난해 4월에는 공군도 전략기지 설치를 추진 중이라는 것이 밝혀졌다. 하지만 엄청난 전투기 소음 등 해군기지보다 공군기지에 대한 반발이 워낙 거세어 공군 측은 '남부탐색구조부대'라는 이름으로 명칭만 바꿔서 추진 중에 있다.

---

3) 이 점은 오키나와와 제주도가 군사기지 문제로 긴밀하게 연계되어 있음을 말해준다. 그렇기 때문에 양 지역 간의 군사기지에 맞선 공동투쟁이 필요하다. 한 쪽에서 군사기지가 사라지더라도 다른 곳에 이전하는 것이라면, 그것은 군사기지가 계속 존재함을 의미하는 것이기 때문이다. 나는 그 어디에도 평화를 해치는 군사기지가 존재하는 것을 원치 않는다.

해군기지 건설을 찬성한 제주지방정부

이처럼 제주도를 '세계 평화의 섬'으로 지정하였으면서도, 정부는 군사기지 건설계획을 계속 갖고 있었으며, 조금씩 일을 추진해 왔다. 처음에는 제주도 서남부에 위치한 인덕면 '화순항'이 최적지라고 하여 이곳을 중심으로 작업을 진행했다가, 지난해에는 제주도 동남부 지역인 남원읍 '위미항'을 최적지라고 발표하여, '위미 콤플렉스(WiMi Complex)'라는 명칭의 해군기지 조감도까지 작성하여 배포하였다. 그러나 최종대상지로 결정된 곳은 제주도 남부해안인 서귀포시 강정마을이다.

해군기지 건설시도에 대해 지방정부인 제주도의 김태환 지사는 처음에는 매우 애매한 입장이었고, 해군기지에 대한 찬반논의 중단이라는 선언도 하였었다. 그러나 지난해 5 · 31 선거에 다시 당선되고 난 이후, 본격적인 행보에 나서게 된다. 제주도 차원의 해군기지영향분석조사팀을 구성하여 연구용역을 시행했고, 찬/반 다자간 협의체도 운영하였으며, 몇 번의 토론회를 개최하기도 하였다.

그러다 지난 4월 해군기지 유치를 위한 로드맵을 기습적으로 발표했다. 이 로드맵의 구상은 해군기지는 국가안보와 관련된 사항이므로 주민투표는 불가능하고, 그 대신 도민 1,500명을 대상으로 한 여론조사를 통해 유치찬반을 결정하며, 그 예정지 또한 주민동의가 가장 많은 지역을 선정하겠다는 것이다.

그리고 한 달 후인 5월 14일, 김태환 도지사는 제주도의회의 발표중단 요구에도 아랑곳하지 않고, 2차례에 걸친 여론조사 결과를 근거로 가장 찬성이 많이 나온 서귀포시 강정마을을 해군기지 최우선 유치 예정지로 발표하고, 기지건설에 동의함을 밝혔다. 그리고 6월 8일 국방부는 이에 즉각 화답하여 이곳을 해군기지 건설지역으로 결정하였음을 통보하였다.

평화를 위한 주민들의 저항

생존이 걸린 군사기지 설치문제를 법적인 주민투표가 아닌 여론조사를 통해 결정하는 것은 민주주의가 아니다.[4] 또한 그동안 예정지로 거론되지도 않았던 강정마을은 해군기지에 대한 충분한 사전 정보제공도 없는 상태에서, 여론조사를 실시하기 불과 2주일 전 찬성주민들이 주도한 마을총회를 통해 유치를 하겠다고 나선 곳이다.

해군기지 유치결정 이후 모든 사람들의 관심은 이 마을로 향했다. 그리고 마을과 제주도의 평화를 지키기 위해 주민들이 다시 일어섰다. 반대대책위를 구성하여 유치찬성 결정을 내린 주민총회의 불법성을 문제 삼았다. 그리고 마을주민 갈등 조장 및 도덕성의 문제를 들어 해군기지 유치를 주도한 마을회장을 해임할 것을 요구하였고, 마을 감사단은 이에 대해 제주지방법원의 적법하다는 의견에 따라 8월 10일 임시총회를 개최하였다. 이날 안건인 마을 회장 해임안에 대해 만 19세 이상 마을주민 436명

4) 이 점은 더글러스 러미스(Douglas Lummis)가 "군대가 있는 한 민주주의 국가라고 불러서는 안 된다."라고 말한 바 그대로이다. 군대 자체도 그러하지만, 군대의 운용과 군사기지의 설치문제와 관련해서도 국가안보라는 이름으로 민주주의는 보장받지 못하고 국가폭력만이 난무할 뿐이다.(C. Douglas Lummis, 『경제성장이 안 되면 우리는 풍요롭지 못할 것인가』, 김종철/이반 옮김, 녹색평론사, 2002.)

이 참가하여, 유표 투표수의 95.4%인 416명이 찬성표를 던져 압도적인 표차로 마을회장 해임 건의안을 통과시켰다. 반대는 15표, 무효는 5표에 불과했다. 그리고 신임회장이 선출되었다.

신임회장단은 향후 10일 이내에 제주해군기지 유치 찬·반을 묻는 주민투표를 실시키로 의견을 모았다. 그리고 8월 20일, 오전 6시부터 오후 8시까지 실시한 '강정해군기지 유치 찬반 주민투표'에서 유효투표수(725명)의 94%인 680표가 반대표를 던졌고, 찬성은 불과 5%에 지나지 않은 36표, 그리고 무효는 9표에 불과했다.

이러한 압도적인 반대로 강정마을회는 해군기지 유치반대 입장을 공식적으로 발표했다. 이로써 지난 4월 26일 마을주민 80명 정도가 참석해 비공개로 진행된 총회에서 '날치기' 통과된 해군기지 유치찬성 결정은 해당마을 주민들의 손에 의해 완전히 뒤집히게 됐다.[5)]

동북아 긴장을 불러일으키는 제주 해군기지 건설

대한민국 해군이 주장하는 군사기지 건설의 가장 큰 필요성은 바로 국가안보이다. '배타적 경제수역(EEZ)' 및 남방수송로 보호 등 해양영토의 안전보장 활동을 강화해야 한다는 것이다. 그렇다면 우선 현재 동아시아 해상에서 군대를 동원할 만큼의 어떤 군사적인 위협을 가하는 존재가 무

---

5) 제주의 소리(www.jejusori.net), 「4·26 해군기지 유치결정 '원천무효'…새 국면」, 2007년 8월 20일자.

엇인지 밝혀야 한다. 단순히 해적 때문이라면 해양경찰이 참여하는 각국의 협력을 통해 충분히 보호할 수 있으며, 이미 한국의 해양경찰은 '아시아 해상치안기관장회의' 에서 채택된 '말라카해협 연안국과 이용국 간의 상호협력 결의안' 에 따라 인도 해양경비대, 말레이시아 및 싱가포르 해경과 연합한 작전에 참가한 적이 있다. 그런데도 불구하고 군함이 출동하는 사태가 발생한다는 것은 단순히 해적 때문만은 아닐 것이다.

따라서 이것은 동북아 군사문제와도 밀접한 관련이 있다. 오키나와처럼 한 · 중 · 일 동북아시아 한복판에 자리 잡은 섬, 제주도의 지리적 위치는 앞서 군사기지의 역사에 대해 말한 것처럼, 동서냉전이 시작되기 전부터, 그리고 냉전이 끝났지만 미국과 중국이 세계패권을 다투는 현재까지도 군사전략의 최전선인 것이다. 그리고 이런 상황에서 제주도에 대규모 해군기지가 들어오면 그것은 한반도의 평택으로 집중되는 미군기지처럼, 대중국 견제용이라고 볼 수밖에 없다. 한국군의 모든 군사기지는 한미상호방위협정에 따라 미군이 사용할 수 있기 때문이다.

'국가안보' 이데올로기를 넘어서 비폭력/비무장 체제로 나가야

국가안보와 국익을 내세우며 강행하는 국책사업에 대해 국민들의 대다수는 적극적인 반대를 하지 못한다.[6] 왜냐하면 '국민' 이라는 틀에 얽

6) 노무현 정부는 '국익을 위해' 이라크침략전쟁에 파병하였다. 그리고 평택 미군기지 확장사업을 강행하였다. 또한 한-미 FTA를 체결하였다.

매여있기 때문이다. 하지만 국가가 말하고 있는 안보와 이익이 진정 국민들을 위한 것인지, 아니면 국가권력을 장악하고 있는 자들의 것인지는 명확히 해야 한다. 그리고 이런 과정을 통해 봉건국가의 '신민' 이나, 근대국가의 '국민' 이 아닌, 민주사회의 '시민' 으로 거듭나게 될 것이다.

4 · 3 당시 무수히 많은 사람이 학살낭한 것은 국가권력의 명령과 필요에 의한 것이었다. 즉, 그 당시 우익정치세력인 이승만 정부와 동아시아 공산화를 막기 위해 한반도 이남을 최후의 보루로 삼은 미국, 그들의 안보를 위해 자행한 살육이었다. 그런데 또다시 '국가안보' 를 빌미로 제주도에 대규모 군사기지를 설치하고 있고, 그 와중에 제주도민들의 갈등과 분열을 일으키고 있는 것이다. '국가안보' 를 위해 지역공동체를 두 번씩이나 와해시켜도 되는지 되묻지 않을 수 없다.

또한 군사력을 통해 국가를 방어한다는 전략의 결과는 전쟁이었다. 그리고 섬은 그러한 점에서 철저하게 국가권력에 의해 짓밟혀졌다. 실제로 섬에 설치된 군사기지는 섬 자체의 방어를 위한다기보다는 본토수호를 위한 것이었다. 이는 태평양전쟁 말기, 수십만 명이 학살당한 오키나와가 아직도 군사기지문제로 고통을 당하는 것을 보면 알 수 있다.

그래서 이제는 섬의 안보와는 전혀 무관한 군사기지는 사라져야 하고, 군사력으로 전쟁을 억제하겠다는 기존의 개념에 맞서 시민들 스스로 자신의 지역공동체를 자국과 타국의 군사력 모두 거부할 수 있는 체제로 만들어야 한다. 이러한 개념은 비폭력 평화학자와 운동가들이 제시하는 '사회적 방어' (Social defense)인데, 많은 사람들이 이를 이해하고 함께 동참해 갈 수 있도록 군사기지 반대 투쟁과 평화운동이 나아가야 한다고 생각한다.

제주는 평화의 섬, 앞으로도 그러해야 한다

동북아시아는 현재 군비확장 경쟁을 하고 있다. 전경만 한국국방연구원(KIDA) 부원장은 "동북아 지역은 세계 군사비 지출 총액의 65% 정도를 차지하고 군사비 증가율도 8% 이상이어서 세계 평균 3~4%보다 훨씬 높다."라면서, 이미 "중·일 간의 상호 나선형 군비경쟁 양태를 보이고 있다."라고 말했다.[7] 실제로 중국은 올해 초 800km 상공에 있는 자국의 인공위성을 미사일로 격추시키는 실험에 성공했으며, 항공모함을 건조하고 있다고 알려져 있다. 일본 또한 '보통국가'로의 전환(자위대의 군대화)과 제5세대 전투기인 F-22 랩터의 구매를 타진 중이다. 한국 또한 지난 5월 말 '세종대왕함'을 진수하여 세계에서 3번째로 최첨단 구축함인 이지스함을 보유한 국가가 됐다.

이처럼 동북아 군비경쟁이 본격화되고 있는 시점에서 그 한복판에 있는 제주도에 대규모 군사기지를 설치하는 것은 민중의 평화를 위협하는 매우 위험한 일이다. 바꿔서 생각하면 그만큼 '제주도 군사기지 반대운동'은 동북아의 평화를 위한 매우 중요한 일이다. 해군기지 건설예정지역의 주민들은 민주적이고 비폭력적인 방식을 통해 저항하고 있다. 그리고 '제주 군사기지 저지와 평화의 섬 실현을 위한 범도민대책위원회'는 전도적인 차원의 반대운동을 진행하고 있다. 성명서 발표와 기자회견에서 시작된 투쟁은 토론회 참가, 찬·반 다자간 협의체 활동 등을 거쳐 수

7) 한겨레, 「국방연구원 안보세미나 "중-일, 군비경쟁 단계 돌입했다"」 2007년 5월 21일 자.

차례 제주도민 평화대회를 개최하였으며, 해군기지 유치동의 이후에는 천주교 신부, 개신교 목사들의 단식, 87년 6월 항쟁 이후 2번째로 치러진 천주교 시국미사, 평화를 염원하는 매일 100배 실천, 기지건설 예정지를 둘러보는 자전거 평화대행진, 대도민 유세선전단 활동을 하였다. 그러나 우리가 해야 할 일들은 앞으로도 무수히 많다. 평화는 머릿속으로 단순하게 그려지는 것이 아니라, 매우 구체적이고 직접적인 수많은 실천들 속에 있기 때문이다.

제주도는 평화의 섬이고, 앞으로도 평화의 섬이어야 한다. 일본군의 주둔과 해방 이후 발생한 4 · 3, 그리고 한국전쟁 등 폭력적인 과거의 역사를 기억하고 있기에 미래의 평화를 염원하는 제주도민을 비롯한 한반도와 동북아시아의 민중들은 평화의 섬이 무엇을 의미하고 어떤 방향으로 나아가야 하는지 잘 알고 있다. 그것은 이미 반세기 전 중국을 폭격했던 기지가 있던 자리에, 미군의 전초기지로 이용될 가능성이 있는 군사기지를 설치하여 동북아 무력분쟁의 가능성을 조성하는 것에 반대하는 것이고, 이를 적극적으로 밀어붙이는 국가권력과 여기에 부화뇌동하는 지방정부에 맞서는 것이다. 또한 현재의 동북아 군비확장 경쟁에 맞서 지역 내 평화세력의 결집과 연대를 이끌어내는 것이다. 이라크 침략전쟁에 파병한 전범 노무현이 지정한 '평화의 섬'은, 그가 6월 22일 제주평화포럼에 참석해 말한 것처럼, 군사기지와 양립이 가능할 수도 있겠지만, 억울한 희생과 폭력적 역사를 체험한 민중들에게 평화의 섬은 비폭력과 비무장이 기본 가치일 수밖에 없다.

덧붙이는 말

'헤노코' 에 대해서는 지난 2005년 6월 서울에서 열린 '2005 동북아시아 평화 국제회의' 에 참가하여 오키나와 환경네트워크 가오리 스나가와(Kaori Sunsgawa) 씨에게서 '환경운동: 지속가능성과 안보를 위한 도구' 라는 제목의 발표를 들은 때였습니다. 10여 년간 투쟁을 해온 분들에게 존경을 표합니다. 또한 일본의 평화헌법 9조를 지키고자 노력하는 분들을 적극 지지합니다.

※ 출처: [けーし風] 제56호, 2007년 9월호, 오키나와에서 발행.

팔레스타인 가자지구, 서귀포 강정마을로 부치는 평화기부금

나는 '세계 평화의 섬' 주민이다

아직 1월이지만, 찬 기가 없는 비가 내리고 있다. 엊그제 시골에 내려가 보니 경칩이 오려면 한 달이나 더 남았는데도 개구리가 폴짝폴짝 뛰어다니고 있었다. 봄비가 내리는 줄 알았나 보다. 겨울의 추위가 한 꺼풀 벗겨지는 듯 이제는 새벽의 공기가 훈풍처럼 느껴지는 것 같다.

추위가 조금씩 사그라지고, 해가 바뀌어 다시금 1월 27일이 돌아왔다. 4년 전 이날은 제주도에 또 다른 의미와 역할이 부여되었다. 당시 노무현 대통령에 의해 내가 살고 있는 제주도가 '세계 평화의 섬' 으로 지정된 것이었다. 일본의 히로시마나 오키나와, 독일의 오스나브뤽, 스위스의 제네바, 스웨덴의 스톡홀름 등은 전쟁 경험이나 평화 관련 국제회의 및 기구의 유치를 바탕으로 자치단체 차원에서 평화 도시를 선언한 데 비해, 제주도는 세계최초로 중앙정부 차원에서 평화도시로 지정한 것이고, 이는 제주도정이 매우 강조하고 있는 점이다(양길현, 2009).

그런데 이러한 점을 어떻게 받아들여야 할지 이제는 진지하게 검토해

볼 때다. 왜냐하면 평화의 섬으로 지정된 이후, 제주도에서는 그전에도 없었던 군사기지 건설이 제주도정의 찬성결정으로 강행되고 있기 때문이다. 그러하기에 중앙정부가 지정했다는 '평화의 섬' 은 단순히 중앙정부의 자금지원을 이끌어내기 위한 레토릭에 불과한 것 같다. 무엇보다는 이는 제주지방정부가 도민들의 '평화적 감수성' 에 대해 인지하지 못하는 무능과 무지에서 비롯되는 것이다.

따라서 나는 평화의 섬 선포 4주년을 맞이하여, 제주도와 동북아시아, 그리고 전 세계의 평화에 대해 '세계 평화의 섬 주민' 의 한 사람으로서 여러 가지를 떠올려 보았다.

먼저 제주도정의 이른바 17대 역점사업이라는 평화사업들은 어찌 보면 매우 엘리트 중심적인 것 같다는 생각이 들었다. 전문가들이 중심이 되는 '제주평화연구원' 개원, 관변이라 비판받는 '4 · 3 평화재단' 설립, 정책결정자들이 중심이 된 '제주평화포럼' 개최 등 여러 가지 사업을 펼쳐왔지만, 풀뿌리 도민들의 평화행동과는 가까운 거리에 없는 듯하고, 그나마 '평화 아카데미' 는 도민들을 상대로 여러 가지 강연을 하는 것이지만, 이는 도민들을 단순한 수동적 객체로만 바라보는 듯하다. 강의 내용도 '평화의 섬' 과 어떤 밀접한 관계가 있는지도 궁금할 따름이다.

또 기존에 추진하던 갖가지 일들에 '평화' 라는 이름만 붙여 '평화사업' 또는 '평화산업' 이라 부르는 것만큼 '평화' 라는 낱말을 우롱하는 것은 없을 것이다. 특히 소액중심의 서민대출을 위한 방글라데시의 그라민은행(마이크로 크레딧)도 아니고, 어떻게 투기자본의 조세회피처라 불리는 '역외금융센터' 유치가 '평화금융' 이라는 이름으로 제주도의 평화기반산업(제주발전연구원, 2008)에 포함될 수 있는가? 모델이 되고 있는 아이슬란드는 지금 금융위기로 인해 정권까지 붕괴된 상황이다.

이러한 것들로 인해 역시 위로부터 내려오는 '평화의 섬'은 불편한 옷처럼 느껴질 수도 있다. 하지만 굳이 뭔가를 애써 만들 필요는 없다. 이미 제주도는 '세계 평화의 섬'이고, 이를 위한 토대 중 20년 전부터 제주도민들이 직접 벌여온 아래로부터의 풀뿌리 행동이 포함되어 있기 때문이다. 그것은 바로 4·3이라는 역사적 경험과 이를 해결하기 위한 투쟁이며, "1988년 송악산 군사기지 반대운동이나 21세기 진입 후, 제주지역에서 최초로 발생한 화순항 해군기지 반대운동은 평화의 섬을 지향하는 제주도민의 의지가 총체적으로 표출된 사건이었다(고성준 외, 2004: 266)". 이 같은 활동은 그 후 위미를 거쳐 현재 강정마을로 이어지고 있다. 여기에 더불어 북한동포돕기운동으로 진행된 감귤·당근 보내기 운동도 포함되는 것은 물론이다.

이러한 비폭력과 비무장, 외부와의 교류·협력·연대를 기저에 둔 제주도민들의 평화행동과 지역 엘리트들의 담론형성 등 위-아래의 노력이 동시에 작용하여 제주도가 '세계 평화의 섬'으로 지정되었던 것이다.

이처럼 풀뿌리 도민들은 제주도정보다 오히려 더 자세히 '세계 평화의 섬'에 대해 이해하고 있고, 그에 따른 평화행동들을 꾸준히 진행해왔으며, 평화의 섬 선포 4주년을 맞는 지금 시점에서 가장 활발히 펼치고 있는 평화행동은 바로 '군사기지 반대운동'이다. 이를 통해 나는 이미 '군'과 '관'의 합동공세에 저항하는 '민'의 자주적인 평화행동이 매우 힘차게 벌어지고 있는 진정한 '평화의 섬'에 살고 있음을 느끼게 된다.

그래서 나는 '평화의 섬'을 지키기 위한 자그마한 일이며, 또한 '세계' 평화의 섬의 주민으로서 할 수 있는 일을 찾아냈다. 그것은 지금 당장 실천할 수 있고, '세계 평화의 섬' 건설에 도민 누구나가 참여할 수 있는 매우 적극적인 활동이며, 평화행동을 벌이는 사람들에게 실질적인 도움이 되는 일이다.

평화 기부금. 바로 이것이다. 나와 내 여자친구는 지난 2년 동안 책상 위에 올려져있는 저금통에서 동전을 꺼내 하나씩 세어 보았다. 10원, 50원, 100원, 500원. 수백 개의 동전이 쏟아져 나왔고, 이들을 모두 합하니 16만 원 정도가 되었다. 그리하여 나는 지난 29일, 가까운 은행으로 가 동전을 지폐로 교환하고, 그것을 절반씩 나누어 강정마을회와 팔레스타인 가자지구로 평화기부금을 부쳤다. 비무장·비폭력을 기치로 한 '세계 평화의 섬'을 만들기 위해, 그리고 자신의 마을을 구하기 위해 분연히 일어선 위대한 강정마을 사람들의 투쟁을 지원하는 것뿐만 아니라, '세계의 평화'를 위해, 아시아의 저편 끝에서 외세를 등에 업고 자신들만의 이익을 위해 제 이웃을 수십 년 동안 고통 속으로 몰아넣은 이스라엘 사람들에 의해 평화를 학살당한 '팔레스타인' 사람들을 위해서였다.

나는 '세계 평화의 섬'의 주민이다. 그러하기에 세계 평화를 위해서 행동을 해야 하고, 이 섬의 평화를 위해서도 실천해야 한다. 거대한 활동은 아니지만, 나 개인적으로 할 수 있는 작지만 힘 있는 행동을 지난 목요일에 실행했다. 그래서 나는 행복하다. 이를 통해 나는 그들과 연결되어 있음을 느끼고, 평화를 위해 내가 무언가를 했기 때문에. 이 글을 읽는 여러분에게도 나와 같은 마음의 행복을 전하고자 평화 기부금을 권한다.

※ 출처: 〈제주의 소리〉, 2009년 2월 1일.

● 참고자료

고성준 · 강근형 · 장원석 · 양길현 · 강경희, 2004, 『동아시아와 평화의 섬 제주』, 제주대학교 출판부.

양길현, 2009, '세계평화의 섬 구현과 풀뿌리 참여방안 모색', 『「세계평화의 섬, 제주」의 발전방향과 과제』, 세계평화의섬 지정 4주년 기념 정책세미나 자료집, 제주특별자치도, 2009년 1월 29일, 제주.

제주발전연구원, 2008, 『'세계평화의 섬 제주'와 평화산업 - 기회와 도전』, 보고사: 서울.

['제주 세계 평화의 섬' 지정 4주년을 맞아]

'지식범죄' 고발: 개발독재에 부역하는 전문가들

김동주(제주대학교 대학원 사회학과 박사과정)

사적 이익추구를 위해 지식을 변절하는 자들

내가 학적을 두고 있는 대학의 총장 선거가 끝났는데, 그 후보자들의 논문표절 의혹이 불거지는 것 같다. 지난 4년간 제주도에서 환경과 관련된 사회운동을 하면서, 그리고 그에 대한 공부도 하면서 많은 사건들을 접하고, 또한 논문과 보고서 등 여러 글들도 읽게 되었다. 이러한 과정을 통해 나는 이른바 '전문가' 라고 불리는 지역 지식인들의 '나쁜 짓' 들을 발견하게 되었다.

이런 나쁜 짓들에는 여러 가지가 있는데 우선 자신의 논문을 자기가 표절하거나 또는 타인의 연구 성과를 가로채는 '기본적' 인 것이 있다. 이것은 연구윤리를 저버리는 부정행위일 뿐만 아니라, 지식생산을 의무로 하고 있는 지식인의 기초 능력에 대한 의문을 갖게 만든다. 2년 전 학위 논문을 작성하기 위해 지역 내 한 연구기관에서 발주한 용역보고서를 읽게 되었는데, 이 내용이 해당 연구 책임자를 지도교수를 한 학생의 학위논문에 고스란히 옮겨져 있는 것을 본 일이 있다. 목차와 결론 부분이 같았고, 다만 도표와 그림에 대한 설명이 영어로 돼있던 점이 다를 뿐이었다.

황우석 사건 이후로, 각 대학 및 연구기관에서는 연구윤리 제정을 서둘렀고, 제주대학교 또한 그러했다. 하지만 위조, 변소, 표절 등 연구부정행위의 조사대상은 2007년 3월 1일 이후 발표된 연구실적물로 제한되어(제주대학교 연구윤리위원회 규정 제6조, 2007년 2월 28일 제정), 기존에 진행된 연구부정행위에 대한 공식적 조사와 징계 및 제재조치는 취할 수 없다.

위와 같은 연구부정행위는 기본적으로 나쁜 짓이지만, 여기에 더해 우리가 묵과할 수 없는 엄청난 일들이 그간 벌어졌다. 그리고 그것은 전문가들이 갖고 있는 '지식'을 개인의 이익추구를 위해 변질하여 이용해 왔기 때문에 죄질이 더 나쁜 것이다.

이미 도민들은 지난해 하반기부터 검찰에 의해 수사가 진행된 환경/재해영향평가 위원들의 비리사건들을 알고 있다. 이들은 골프장 개발사업의 허가를 내주도록 업자로부터 청탁을 받거나, 또는 개발사업에 대한 문제점을 지적해 관련 용역을 받는 등 자신의 지식과 지위를 이용해 제주도의 자연환경을 사유화했다고 볼 수 있다. 자신의 전문분야를 통해 지역 내에서 해당 분야에 대한 독보적인 위치를 차지한 후, 각종 이권에 개입한 측면은 진리추구라는 지식의 본질을 훼손하는 '지식범죄'라 할 수 있다. 학생들의 연구지원비를 가로채는 교수들, 강의 및 연구 능력이 없음에도 강단과 연구실을 지키는 교수들도 마찬가지다.

'지식범죄'는 앞서 언급한 논문의 위조, 변조, 표절 등 연구자로서의 윤리부정행위뿐만 아니라, 본인이 갖고 있는 전문지식을 변질시켜 사적 이익을 추구하는 모든 것이라 말할 수 있다. 사적 이익을 위해 무력을 동원하여 비무장원을 학살하는 것이 '전쟁범죄자'라면, 자신의 학자적 양심을 버리고 권력과 자본의 입맛에 맞는 보고서를 작성·제출하여 개발독재에 부역하는 전문가들은 대표적인 '지식범죄자'이다. 이러한 사적 이익을 추구하기 위한 전문가의 지식범죄 결과는 독재를 강화하고, 개발을 찬동하는 이데올로그로 활용되어 전 사회적으로 돌이킬 수 없는 영향을 끼친다.

'군사기지' 건설의 지식범죄를 고발한다

'세계 평화의 섬' 지정 4주년을 맞이하여 나는 이에 관계된 지식범죄를 고발하고자 한다. 이는 군사기지 건설 강행추진으로 인해 마을공동체의 붕괴를 경험하고 있어 이에 적극 저항하고 있는 해당 지역주민들뿐만 아니라, 제주도가 진정한 평화의 섬으로 거듭나기를 바라는 시민들을 위해, 그리고 그 과정에서 권력자를 위해 부역한 지식사기꾼들을 고발하기 위해 이 작업을 진행할 수밖에 없다.

지난 2005년 1월 27일, 제주도가 중앙정부에 의해 '세계 평화의 섬'으로 지정된 이후, 제주도민들은 이에 대한 기대감과 평화의식이 높았었다. 이는 당시 제주도민과 군사기지 설치 예정지역주민에 대한 여론조사 결과를 통해서도 확인할 수 있다. 제주발전연구원(2005)이 제주도가 '평화의 섬'으로 지정된 직후에 실시한 『화순항 해군기지 건설계획에 따른 제주지역 영향분석』여론조사(이하 '2005년' 의 연구)에서는 '화순항 해군기지 건설의 추진여부 결정 시 우선 고려해야 할 사항' 으로 '국가안보', '주변지역 환경', '사회문화적 영향', 그리고 2위를 차지한 '지역경제 파급효과' 보다 '세계 평화의 섬/국제자유도시 이미지' 를 제주도민(안덕면민 제외)은 14.4% 이상, 안덕면민은 6.6%, 여론주도층은 10.9% 이상 더 많이 선택하여, 제1요인으로 꼽았다.

즉, 평화의 섬과 군사기지가 양립할 수 없기에, 그 무엇보다도 군사기지 설치에 있어서 최우선적으로 고려해야 할 것으로 평화의 섬에 대한 이미지를 선택할 것이라 볼 수 있고, 이는 제주도가 '세계 평화의 섬' 으로 지정된 이후, 제주도민들의 기대감과 평화의식을 강하게 반영한 것으로 볼 수 있다. 그렇기에 '평화의 섬과 군사기지는 양립할 수 없다.' 라는 의견이 군사기지 반대운동의 주요 구호로 대두되었다.

위와 같은 결과가 도출된 이 연구는 2005년 제주발전연구원이 "화순항 해군기지 건설이 제주지역에 미칠 다양한 영향을 분석하여 제공함으로써 제주도민과 지방정부에서 정책의사결정을 하는 데 객관적인 기초자료를 제공하는 목적" 으로 진행했고, 또한 여기에는 '평화의 섬과 군사기지의 양립여부' 가 포함되어 있다.

이 연구결과에서는 "2005년 1월 27일 정부가 제주도를 세계 평화의 섬으로 지정한 것은 제주도의 평화 이미지 제고와 평화창출의 중심적 역할을 비군사적-외교적 방법으로 달성하려는 제주도의 노력을 공인한 것으로 볼 수 있고, 이 경우 화순항 해군기지 건설 계획은 제주 세계 평화의 섬 지정 선언의 정신과 배치될 가능성이 있다.(제주발전연구원, 2005: 46)" 라고 했다. 또한 "해군기지 건설은 대한민국의 생존과 자위를 위해 해상안보 능력의 우위를 확보하고, 힘이 평화를 유지하는 '소극적 평화'를 위한 환경조성에 기여하는 일면성을 보이고 있으므로, 평화의 섬이 지향하는 인권, 환경, 빈곤 등 인간의 제반 위협 요인으로부터 자유로운 '적극적 평화'의 실천과는 다른 차원에서의 접근"(제주발전연구원, 2005: 52)이라고 명확히 밝혔다.

하지만 어느 순간에 이러한 이념은 사라져 버렸고, 평화의 섬을 실현하기 위해서는 군사기지도 존재할 수 있다는 주장이 제주도정의 공식입장이 되어버렸으며, 이를 바탕으로 김태환 도지사는 해군기지 유치를 찬성한 것이다. 이 과정을 자세히 살펴보자.

'평화의 섬'의 개념이 축소 · 전도되는 과정

2006년 7월 제주특별자치도가 출범하고 5 · 31지방선거에서 다시 당선된 김태환 지사는 그해 8월 '제주해군기지영향조사연구팀'을 구성하여 제주 세계 평화의 섬과의 양립가능성, 경제적 효과, 도민의견 수렴방안 등을 연구토록 하였다.

이에 대한 결과(이하 '2006년의 연구')는 그해 12월 발표되었고, 평화의 섬과의 양립가능성 부분에선, "비무장 평화의 섬으로 설정한 제주특별자치도에 해군기지를 유치하는 것은 적합하지 않다는 주장은 논리적으로 합당한 주장이기는 하나, 평화의 섬의 개념을 국제교류 · 협력의 거점으로 상정한다면 평화의 섬과 해군기지 설치와는 크게 배치된 것이 아니라고 할 수" 있다며, "평화의 섬이기 때문에 해군기지 설치가 안 된다는 주장은 논리적으로 설득력이 약하다고 할 수 있다."라고 했다.

특히 "제주 평화의 섬의 방향을 '비무장 평화지대'로 할 것인지, 아니면 '한반도와 동북아시아의 교류 · 협력의 거점'으로 설정해야 할 것인지의 궁극적인 판단은 제주특별자치도의 최고 정책결정자나 제주도민이 내려할 문제"라고 하면서, "특히, 최고정책결정자가 확고한 판단을 내린 후에 도민들을 설득함으로써, 세계 평화의 섬이 지향하는 점에 대해 도민적 합의를 이끌어 내야 할 것"이라고 덧붙였다(제주해군기지영향조사연구팀, 2006: 3~13).

2006년의 연구는 2005년의 연구결과를 바당으로 했다고 하였으나, 앞선 연구와 정반대되는 '군사기지와 평화의 섬이 양립가능하다.'라는 결론을 내렸다. 그렇기에 두 가지 연구결과를 다시금 살펴보아야 하고, 그 결과 다음과 같은 매우 심각한 문제점을 발견할 수 있었다.

첫째, 평화의 섬 모형에 대한 "궁극적인 판단은 지역 최고정책결정자와 제주도민이 내려야 할 문제"라면서, 그 뒤로 이어지는 문장에 "최고정책결정자가 확고한 판단을 내린 후"라고 강조하고 있다. 그러나 이는 논리적으로 맞지 않는 주장이다. 정책결정자와 도민 양측이 궁극적인(최종) 판단을 내려야 한다면서, 강조하는 문장에서는 정책결정자부터 판단을 내린 후 도민을 설득하라는 것은 도민들의 결정권한을 부정하는 것이고, 단순히 설득의 객체로 전락시켜버리는 것이다. 이 연구자는 앞뒤가 맞지 않는 주장을 결론으로 제시해버리는 심각한 오류를 범하고 있다.

둘째, 세계 평화의 섬은 '소극적 평화'보다는 '적극적 평화'를 지향하는 것이며, 이는 2005년의 연구와 2006년의 연구가 동일한 입장이다. 그러나 2006년의 연구는 갑자기 "이러한 적극적 평화의 상태는 제주가 지향해야 할 이상적 비전으로 삼고, 현실분석을 엄격히 한 다음 실천 가능한 것부터 하나하나 시작해 나가야 한다."라며, "결국 평화의 섬 제주는 전쟁과 갈등이 없는 상태를 마련하는 소극적 평화에서 출발해야" 한다고 주장하고 있다(제주해군기지영향조사연구팀, 2006: 4).

적극적 평화에 동의한다면서, 소극적 평화부터 '추진해야' 한다는 말은 평화의 섬 개념을 후퇴시키는 것이나 다름없다. '소극적 평화' 는 기존의 좁은 의미의 군사 · 정치안보의 개념이므로 이를 실현시키는 방법은 군사기지의 설치 유무로 한정되어 버리기에, 그보다 폭넓은 '적극적 평화' 의 실천방법과 오히려 배치되는 결과를 가져올 수도 있다. 더욱 논란이 되는 것은 제주도가 세계 평화의 섬으로 지정되는 데 기여를 한 제주도민의 평화행동에 4 · 3 진상규명운동, 감귤 · 당근 보내기 운동뿐만 아니라, 1988년 송악산과 2002년 화순항 군사기지 반대운동도 엄연히 한 자리를 차지하고 있고, 이는 '적극적 평화' 를 실현하는 방법이기 때문에 2006년의 연구는 이러한 제주도민들의 평화행동을 무시해버리는 결과를 도출해 낸 것이다. (실제로 제주대학교 평화연구소 연구원들이 수행한 연구(고성준 외, 2004)에 부록으로 실린 〈평화의 섬 관련일지〉에는 각국 정상 방문, 감귤 북송, 평화회의 개최에 더해 군사기지 반대활동이 중심적으로 포함되어 있다.)

2006년의 연구자는 이러한 방식으로 '세계 평화의 섬' 의 개념을 축소 · 전도시켜버렸고, 적극적 평화와 소극적 평화라는 틀을 버린 채, 그간 제시되었다는 '제주 평화의 섬 모형' 3가지(① 비무장 평화지대화, ② 경제특구화, ③ 국제교류 · 협력의 거점)를 갖고 나와 논의를 다른 방향으로 흘러가게 만들었다. 그리고 1999년 개정된 제주도개발특별법에 나온 '평화의 섬 지정' 관련 조항과 노무현 대통령이 2005년 서명한 '제주 세계 평화의 섬 지정 선언문' 등 실제 진행되고 있는 지역 주민의 자발적 평화행동보다는 법조문과 서명문 등에 의거해 '평화의 섬'의 모형을 '국제교류·협력의 거점'으로 삼는 것이 적합하다고 주장했다.

위와 같은 행위는 '평화'에 대한 아카데믹한 지식을 독점한 채, 지역 최고정책결정자의 개발독재에 부역하고, 일순간에 20년간의 군사기지 반대운동이 쌓아올린 '평화의 섬'에 대한 공과를 사라지게 만든 '지식범죄'다.

덧붙여서 이러한 연구결과마저도 해군기지 유치찬성의 근거가 된 2007년 4월~5월의 두 차례 '여론조사'에서 제대로 활용되지 않았다. 즉, 평화의 섬에 대한 3가지 모형 중 하나를 선택하고 판단하라는 것이 결론이지만, 여론조사에서는 단순히 '해군기지 찬반여부'라는 엉뚱한 질문을 한 것이기에, 연구결과를 정확히 인지하지 못하는 오류를 범한 것이다.

아래로부터의 행동을 통해 진짜 평화의 섬으로 만들자

지난 20세기에 벌어졌던 동북아지역에서의 전쟁과 폭력의 원인은 국가권력들끼리의 싸움이었고, 그에 해당 지역의 국민들이 권력자들에 의해 총동원되어 서로 이유 없이 싸우고 죽이게 만들었던 불행한 날들이었다. 그렇기 때문에 동북아지역의 긴장완화와 군비축소는 폭력의 가해자였던 국가권력보다 폭력의 피해자인 해당 지역에 살고 있는 시민들에 의해 적극적으로 수행되지 않는다면 20세기와 같은 불행한 사건들이 반복될 수밖에 없다.

이런 점에서 제주도 군사기지 반대운동은 제주의 평화를 넘어 동북아시아, 그리고 세계 평화를 위해 '군'과 '관'의 합동공세에 저항하는 매우 중요한 풀뿌리 민중들의 아래로부터의 자발적 평화행동이다. 특히 이는 누누이 강조하지만 '세계 평화의 섬' 지정에 엄연히 한 요소로 작용했으며, 이를 기회로 지역민들에게 새로운 평화적 감수성과 기대감이 생성되고 있기 때문에 '세계 평화의 섬' 조성에 있어 제주도정이 추진하는 이른바 17대 역점 평화사업보다도 중요하다.

따라서 평화의 섬 선포 4주년을 맞이하며, '평화'를 팔아먹는 지식범죄자, '환경'과 '민주주의'를 파괴하는 개발독재자, '폭력'을 조장하는 전쟁주의자들로부터 '세계 평화의 섬, 제주'를 지켜나가는 아래로부터의 자발적 평화행동을 강화해야 한다.

※ 출처: 〈제주의 소리〉, 2009년 2월 5일.

● 참고자료

고성준 · 강근형 · 장원석 · 양길현 · 강경희, 2004, 『동아시아와 평화의 섬 제주』, 제주대학교 출판부.

제주발전연구원, 2005, 『화순항 해군기지 건설계획에 따른 제주지역 영향분석』, 2005년 5월.

제주해군기지영향조사연구팀, 2006, 『제주 해군기지 영향분석 결과보고서』, 2006년 12월.

‘기지의 섬’에서 살아간다는 것은[1)]

김동주(제주환경운동연합 대안사회팀장)

제주도의 오키나와화?

제주도와 오키나와. 둘 다 변방의 섬이라서 그런지 여러 면에서 비슷하고, 비슷해지고 있다. 태평양 전쟁 말기에 건설되어 현재도 남아있는 두 섬의 비행장과 격납고, 진지갱도는 형태뿐 아니라, 건설목적과 시기, 민간인을 강제 동원한 점이 일치한다. 미군 상륙을 저지하라는 도쿄 대본영의 명령이 두 섬에 내려졌기 때문이다.

1945년 3월 말부터 3개월간 오키나와에서는 일본에서 유일한 지상전

1) 지난 2010년 7월 9일부터 18일까지 9박 10일간 개인적으로 오키나와에 다녀왔다. 오키나와 전쟁 유적지와 미군기지 반대운동 현장도 방문하고, 평화활동가들과 교류하면서 제주도 해군기지 건설계획에 대해서도 발표했다. 같은 변방의 주민으로서 오키나와와 제주도가 너무 많이 비슷한 점을 알게 되었고, 서울사람들도, 도쿄사람들도 모르는 변방의 섬 주민으로서 동질감도 느꼈다. 이 글은 오키나와 방문을 준비 · 진행하는 과정에서 느낀 기록이다. 자세한 방문기는 〈제주의 소리〉(www.jejusori.net)에 게시되어 있다.

이 벌어졌다. '철의 폭풍' 이라 불리는 처절한 전투에서 군인을 비롯해 조선인 강제연행자 등 20만여 명이 죽었다. 희생자 중 오키나와 출신 징집병은 3만 명 정도였고, 민간인들은 약 9만 4000명이었다. 중앙의 안보를 지키고자 변방의 섬사람들을 볼모로 한 지리멸렬한 전쟁이었다.

오키나와 전쟁 종료 3개월 후인 9월에 미군은 제주도에 상륙할 계획이었지만, 8월 원폭투하에 이은 일왕의 항복 선언으로 다행히 제주도는 오키나와처럼 전쟁터가 되지 않았으나, 3년 후 제주도에서도 대량학살이 벌어졌다. 1948년 발생한 4 · 3항쟁의 무장대를 진압하기 위한 군경의 토벌과정에서 당시 제주도민의 10% 정도인 1만~3만 명 정도가 무고하게 희생당했다. "한라산에 휘발유를 뿌리고 수류탄을 던져 빨갱이를 몰살시키겠다." 라던 이승만 정부의 국가폭력이었다.

여기까지 두 섬의 역사는 같지만, 그 후로 하나의 공통점과 하나의 차이점을 간직한 채 역사는 흘러가고, 오히려 그 차이점 때문에 두 섬은 현재 같아지고 있다.

공통점으로 두 섬 모두 국내 최대의 '관광의 섬' 이라는 사실이다. 1978년 반환 이후 개최한 '해양박람회' 는 오키나와를 '관광의 섬' 이라는 이미지로 재탄생시켰다. 이와 함께 관광객 방문수와 관광수입은 지속적으로 증가했지만, 본토자본에 의한 리조트의 난개발과 해양오염은 심해졌다. 오키나와 관광지도를 보면 22개의 골프장과 30개의 리조트가 표시되어 있다.

제주도 또한 박정희 정권 이후 '동양의 하와이' 로 만들자는 정책으로 국제관광지화를 추진하였고, 지난해는 670만 명이 찾아오는 국내 최대의 '관광의 섬' 이 되었다. 현재 제주도에 운영 중인 골프장은 24개가 있고, 특급 호텔은 10개가 넘으며, 해안을 따라 대규모 리조트들도 많이 건설되고 있다. 제주도를 관광의 섬으로 만들기 위한 도로와 골프장, 리조트 건설로 오키나와처럼 제주도의 자연환경도 파괴되고 있다.

제주도와 오키나와는 군사기지화된 이후 주민대량학살이라는 아픈 과거의 경험뿐 아니라, 현재는 '관광의 섬' 이라는 공통점을 갖고 있는데, 이것은 국토의 남쪽 변방에 위치한 섬이라는 이유로 중앙권력이 부여한 특정 역할 수행에서 비롯된다. 최근에는 '국가안보' 라는 명목으로 '관광의 섬' 에 이어, 제주도 또한 오키나와처럼 '기지의 섬' 이 되려고 한다. '전 도민의 관광요원화' 로 대표되는 해괴한 도민개조정책이 시행됐었던 '관광의 섬' 은 이미 겪고 있기에 잘 알고 있다. 그러나 '기지의 섬' 주민으로 살아간다는 것은 어떤 의미일까.

오키나와 '처분' 의 역사와 미군기지

오키나와는 일본 남서쪽 해상의 아마미 제도에서 시작해 오키나와 본섬을 거쳐, 미야코지마와 이리오모테지마까지 연결되는 활처럼 길게 뻗은 류큐 열도다. 오키나와 본섬은 제주도의 2/3 크기지만, 류큐 열도의 전체면적은 제주도의 2배로 130만여 명이 살고 있다. 예전에는 류큐 왕국이라는 독립적인 국가였으나, 1879년 근대국가 일본에 병합당했다. 오키나와 사람들은 이를 '1차 처분' 이라고 한다. 이후 수차례에 걸쳐 '처분' 이 반복되었다.

1945년 6월, 오키나와를 점령한 미군은 일본군이 만들어 놓은 군사기지를 활용해 일본 본토 공략을 위한 전방기지로 활용하려 했다. 이미 오키나와 상륙 초기에 중부지역의 비행장을 점령한 미군은 이를 확장하거나, 새로 신설하였다. 전자가 현재 동아시아 최대의 '카데나' 공군기지이고, 후자가 지난 10여 년간 이전논란의 중심에 있는 '후텐마' 비행장이다. 이렇게 '섬 전체의 기지화' 가 가능했던 것은 미군이 점령당한 오키나와 사람들을 강제로 수용소에 집어넣어 모든 권리를 박탈했기 때문이다.

1952년 샌프란시스코조약으로 미 · 일 간의 전쟁상태는 종료되고, 일본은 독립국으로서 주권을 회복했지만, 오키나와는 이 조약에 따라 계속 미군의 지배지로 남게 되었다. 이를 '2차 처분' 이라고 한다. 미군기지가 있는 오키나와는 1960년대 베트남전에 동원되었으나, 1972년 일본에 반환되었다(또는 조국에 복귀하였다). 그러나 미군기지는 폐쇄되지 않았고, 오히려 일본 본토에 있는 미군기지가 오키나와로 집중되었다. 이를 '3차 처분' 이라고 한다.

1995년 미군 병사에 의한 여학생 성폭행사건 이후, 미군기지로 인해 축적돼온 오키나와 현민의 분노가 폭발했고, 미군기지의 정리 · 축소를 요구했다. 이에 대해 미-일 정부는 후텐마 비행장을 오키나와 북부 나고시의 헤노코 해상으로 이전한다는 계획을 발표했다. 이것은 50여 년간 사용해온 미군기지가 노후되었기 때문에 여기저기 흩어진 기지를 한데 모아 새로운 기지로 집결하려는 술수에 불과했다. 주민들의 강력한 반발에도 미군기지를 현 바깥이 아닌 오키나와의 또 다른 어딘가로 옮긴다는 것을 두고 '4차 처분' 이라고 한다.

이후 10여 년간 헤노코에서는 해상기지 건설 반대운동이 시작되어 지금에 이르고 있다. 또 후텐마비행장이 위치한 기노완시 주민들은 군용기 소음피해와 관련해 '후텐마비행장 폭음소송단' 을 결성해 법정투쟁을 진행하고 있다. 오키나와 본섬 북부의 '얀바루의 숲' 이라는 아열대 정글에 위치한 미군 북부훈련장에서는 헬리포트(헬리콥터 착륙장) 건설 반대 투쟁이 새롭게 시작되었다.

지속된 폭력과 망각된 폭력

'관광의 섬' 이라는 공통점에 더해 1945년 이후 두 섬의 현대사를 가르는 하나의 차이점이 있다. 오키나와는 주일미군기지의 75%가 존재하는 '기지의 섬' 인 데 비해, 제주도는 사실상 중무장한 군대가 없으며, 중앙정부가 세계 최초로 지정한 '세계 평화의 섬' 이다. 주둔군 유무의 차이는 사람들의 현실인식에 영향을 끼치고, 오히려 이로 인해 제주도는 '기지의 섬' 이 되어 가고 있다. '평화의 섬' 으로 지정한 노무현 정부도 어쩔 수 없었던 대규모 해군전략기지가 조만간 착공에 들어갈 예정이다.

제주도도 오키나와처럼 '기지의 섬' 으로 변하고 있지만, 오키나와처럼 '섬 전체의 투쟁' 이 벌어지지 않는다. 제주도에는 자연마을이 550여 개가 넘지만, 해군기지를 적극 반대한 곳은 해군기지 예정부지였던 3개 마을(화순, 위미, 강정)뿐이었고, 이들의 투쟁에 적극적으로 연대한 마을은 단 한 곳도 없었다. 더욱이 3개 마을 사이의 연대투쟁도 없었다. 단단한 마을공동체에서 주민들의 사고범위는 마을을 벗어나기 쉽지 않다. 말 그대로 "우리 마을의 일이기에" 적극 투쟁했고, "다른 마을의 일이므로" 무관심했다. 단지 소수의 시민사회단체 회원들만 함께했을 따름이다. 한편으로는 태평양 전쟁 때의 전쟁요새화뿐 아니라, 4·3 당시 국가폭력에 대한 기억을 간직하는 세대들이 점차 줄어듦에 따라 폭력과 평화에 대한 인식이 희박해졌고, 그 틈새를 국가안보와 경제성장 이데올로기가 메웠기 때문이다.

이에 비해 오키나와는 전쟁에서의 희생경험, 미군점령 이후 군사기지 건설과정에서의 폭력과 미군훈련으로 인한 소음 · 산불 등의 피해, 가끔씩 발생하는 미군범죄로 인해 폭력의 경험이 단절되지 않고 끊임없이 이어져오고 있으며, 이것은 현재 반기지운동의 중요한 요소로 작용하고 있다. 그러나 제주도는 오키나와와 달리 해방 후 미군이 일본군을 무장해제한 다음 현재까지도 소규모의 해군 · 해병대와 특수전 부대, 전투경찰 병력을 제외하곤 중무장한 군대가 없는 사실상의 비무장 평화지대다. 그러나 중국의 성장에 따른 미국의 세계전략 변화, 대한민국 해군의 대양해군 발전전략에 따라 제주도에 전략기동함대의 모항을 만들려고 한다. 오키나와의 지속된 폭력이 반기지운동의 핵심 동원능력이라면, 제주도의 망각되고 은폐된 폭력은 국가안보와 경제성장 이데올로기를 묵인하여 군사기지를 추진한다.

변방에서의 국가안보란

냉정하게 따지고 보면 '국가안보'는 지방보다는 중앙을 우선한다. 그래서 국가안보를 위해서라면 지방은 희생당해도 된다고 생각한다. 오키나와의 존재가 이를 증명한다. 도쿄의 안보를 위해 태평양 전쟁 때는 유일하게 오키나와에서 지상전이 벌어졌고, 전쟁이 끝난 뒤에도 미군의 점령지로 남아있었다. 1972년 일본으로 반환된 이후에는 오히려 미군기지가 오키나와로 집중되어 현재는 주일미군기지의 75%가 오키나와에 있다. 오키나와의 군사기지화는 철저히 중앙(도쿄)의 안보를 위해서였고, 그 결과는 지역민(오키나와사람)의 희생이었다.

이와 마찬가지로 제주도에 지어지는 해군기지 또한 서울(중앙)의 안보를 위한 것에 불과하다. 구조적 군사종속인 미·일동맹 아래서의 오키나와이고, 한·미동맹 아래서의 제주도이기 때문에 근원적으로 워싱턴의 안보를 위한 것일 수도 있다. 다른 차원에서는 군산복합체의 이윤창출을 위한 국가안보다. 위협대상 없는 안보란 존재할 수 없는데, 아직도 해군은 군대를 출동시켜야 제압할 수 있는 남방수송로의 적(敵)이 누군지 설명하지 않았다.

'국가안보' 로 인해 주민대량학살이 벌어졌던 오키나와에 '국가안보' 를 위해 미군기지가 필요하다는 주장을 어떤 주민이 동의하겠는가. 이미 폭력을 지속적으로 당하고 있는 오키나와 사람들은 오키나와 전쟁 당시 군인들이 많은 사람들을 죽였기 때문에 미군기지든 자위대기지든 다 똑같은 전쟁기지라고 생각하며, 군사안보를 믿지 않는다.

그런데 해군기지에 대응하는 제주도민들 중에는 국가안보 이데올로기의 영향을 받고 있는 사람이 많다. 이번 지방선거에서 당선된 우근민 도지사도, 그가 임명한 고창후 서귀포시장도 "국가안보사업이므로 제주도에 들어와야 한다면 반대하지는 않는다." 라고 말한다. 이렇게 제주도를 '기지의 섬' 으로 만들게 놔둘 것인가, 아니면 '평화의 섬' 으로 만들어 나갈 것인가? 나는 62년 전 '국가안보' 라는 이유로 도민의 10%가 죄 없이 죽어간 곳에서, 또다시 국가안보를 부르짖으면서 군사기지를 만들어야 한다고 주장하는 자들을 볼 때마다 같은 제주도 사람인 것이 불편하고, 섬의 과거를 외면하는 것에 분노한다.

지식범죄와 정의로운 지식

오키나와로 떠나기 전 '오키나와 관광컨벤션뷰로' 의 한국사무소에 요청해 관광지도와 안내책자를 받아보았다. 하지만 '기지의 섬' 이라는 현실은 제외된 채, 유명 관광지와 골프장과 리조트와 도로만 표시된 '관광의 섬' 에 대한 정보만이 있을 뿐이었다. '관광의 섬' 제주도에 살고 있는 나는 이러한 지도를 많이 보아 왔다.

하지만 나는 오키나와에서 평화운동가들을 만나 그들이 전해준 오키나와의 미군기지 배치도를 보았다. 그러고는 두 지도를 나란히 놓아 오랫동안 바라보며 비교하였다. 어느 지도가 진실을 왜곡하지 않고 보여주는 것인가. 주일미군기지의 75% 이상이 오키나와에 있고, 오키나와 본섬의 20%가 미군기지다. 섬의 과거와 현재와 미래의 전부가 '미군기지' 와의 관계에 따라 구성되는 곳에서, 미군기지가 그려지지 않은 관광지도는 진실을 은폐한다.

관광지도는 섬의 한 면만을 보여주고 있어서, 오키나와 미군기지 관련 글을 찾아 읽었다. 오키나와 평화운동가이자 대학교수인 '아라사키 모리테루' 선생이 쓰고, 한국의 평화운동가인 정영신과 미야우치 아키오 씨가 번역한 『오키나와 현대사』는 반기지운동의 관점에서 서술한 오키나와 현대사라 할 수 있다. 함께 읽은 개번 매코맥의 『종속국가 일본』은 현대 일본의 성격에 대해 잘 파악할 수 있으며, 특히 '오키나와: 처분과 저항' 이라는 장은 오키나와를 이해하는 요약문이라 할 수 있다.

그러나 여기 또 하나의 오키나와 관련 책이 있다. 얼핏 보면 제목에 속아 넘어갈지도 모를 『오키나와와 평화』라는 책이다. 내용 중에는 '오키나와의 미군기지와 주민운동' 이라는 글도 있다. 글쓴이는 제주대학교 정치외교학과 강 모 교수로, "평화의 섬인 제주도에 군사기지는 맞지 않다." 라는 도민들의 주장에 대해 "평화의 섬도 개념을 달리하면 군사기지 양립이 가능하다." 라는 결론의 제주도청 용역보고서를 작성한 인물이다. 그리고 이 보고서는 김태환 전 도지사가 해군기지 유치를 찬성하는 데 중요한 이론적 토대가 되었다. 그래서 나는 언론칼럼을 통해 이 자의 행위는 교수라는 지식전문가 지위를 이용해 도민의 실천적인 평화염원을 무시한 채 제주도의 미래를 의도적으로 변형한 '지식범죄' 라고 비판했다.[2]

어떻게 군사기지 유치를 찬성한 자가 오키나와 주민들의 미군기지 반대운동에 대해 한국어로 정리해서 책을 펴낼 수 있는지 이해가 안 되었다. 당연히 주요 내용은 본인이 직접 조사한 기록이 아니라 기존 연구문헌을 짜깁기한 수준에 불과했고, 군사기지가 지역사회에 끼치는 영향을 종합적으로 보지 않은 채, 단순히 경제 문제로만 치환해서 다루고 있었다. 이러한 책은 오키나와와 제주도 사이의 평화교류에 아무런 기여도 할 수 없으며, 오히려 그곳의 정확한 상황을 이해하는 데 걸림돌로 작용한다. 따라서 이런 행위는 그의 지식범죄기록에 추가되어야 한다.

내가 느낀 분노보다 오키나와 평화운동가들이 느낀 모멸감은 얼마나 컸을까. 마찬가지로 강정마을 주민들 또한 해군기지를 찬성하는 교수가 제주대 대학원에서 '평화운동론' 을 강의하고 있다는 사실을 알면 어떤 느낌이 들까. 평화운동가와 주민들이 반대하는 군사기지를 이론적으로

2) "지식범죄를 고발한다 - 개발독재에 부역하는 전문가들", 〈제주의 소리〉, 2009년 2월 5일. http://www.jejusori.net/news/articleView.html?idxno=59064

찬성해서 권력자에 부역하는 교수들이 쓴 책과 강의는 미군기지가 표시되지 않은 오키나와 관광지도처럼 '정의로운 지식' 이 아니다.

섬 사람들 사이의 우정과 환대의 교류

제주 해군기지가 미군기지가 아니라는 이유 때문인지, 지난 9년 동안 제주의 투쟁과 오키나와 반기지 운동과의 교류는 각각 한 번의 방문이 전부였다. 이에 비해 오키나와와 한국의 미군기지 반대운동과의 교류는 매우 활발해, 1997년 '오키나와 · 한국 민중연대' 가 설립된 이후, 오키나와에서는 평택 대추리도 자주 찾아갔었고, 한국에서는 오키나와 평화기행도 자주 진행하였다. 그래서 서로 상대지역의 평화운동가들을 매우 잘 알고 있었으며, 내가 만난 오키나와 평화활동가들은 다들 한국어를 조금씩 할 뿐 아니라, 〈아침이슬〉과 〈임을 위한 행진곡〉, 심지어는 〈주한미군철거가〉까지 부를 줄 알았다.

그러나 '미군기지에 저항하는' 오키나와와 평택 간의 국제연대가 무르익고 있었을 무렵, 화순리민과 위미리민, 그리고 강정마을 주민들은 제주도라는 변방 중에서도 남부지역 해안가라는, 변방 속의 변방에서 고립된 투쟁을 계속하고 있었다. 평택은 서울과도 가깝고, 더욱이 미군기지였기에 순식간에 대규모의 인원을 투쟁에 동원할 수 있다는 점에 부러움을 느끼기도 했다. 그렇지만 제주도는 구한말의 이재수란에서 시작해, 해방 후의 4 · 3항쟁을 거쳐, 현재의 해군기지 반대운동까지 100년 넘게 '변방의 섬에서의 고립된 투쟁' 이라는 상황은 바뀌지 않았다.

그래서 나는 미군기지 반대운동의 교류로서보다는, 같은 '관광의 섬' 이자, 변방의 섬 주민으로서 섬의 어두운 과거와 군사기지화되는 슬픈 현실을 공유하고 싶었다. 이런 나의 생각은 오키나와 사람들이 갖고 있는 평화의식인 '누치두 타카라' (생명이야말로 보물)와 함께 '이치리바 조데' (한번 만나면 우리는 친구)로 연결되었다.

한 번도 본 적 없고, 구체적으로 무슨 일을 하는지도 몰랐지만, 내가 오키나와로 간다고 하니 그들의 답변은 "일단 오라!" 였다. 공항으로 직접 마중 나왔으며, 방문하는 장소와 민박집에 대한 예약뿐 아니라, 제주도의 해군기지 반대운동에 대해 발표할 교류회도 만들어주셨다. 또 다른 분은 일본어를 모르는 내가 길을 잃지 않고 찾아갈 수 있도록 종이에 필요한 문장을 적어주기까지 했으며, 제주도 유학생에게 한국어를 배운 분은 나의 통역을 위해 일부러 휴가까지 내면서 동행을 해주셨다.

서로 가지고 있는 것을 조금씩 나누며, 혼자 모든 것을 도맡아 하는 것이 아닌, 뜻을 함께 하고 있는 친구들이 그들 각자가 할 수 있는 만큼의 환대를 보여주었다. 나는 준비한 몇 가지 선물로 보답해드렸지만, 과분한 환대는 글로 다 표현할 수 없다. 이렇게 우리는 "직접 만나 얼굴을 보면서 투쟁의 현장에서 함께하는" 변방의 섬 주민들 사이의 진정한 평화교류를 했다. 동아시아의 평화를 만들어나가는 길은 군사기지가 아니라, 동아시아 주민들 사이의 연대에서 시작함을 깨달으면서.

※ 출처: 〈녹색평론〉 통권 114호, 2010년 9-10월호

강정마을에 대한 국가폭력을 멈춰라

김동주(제주환경운동연합 대안사회팀장)

해군기지 건설이 본격화된 올해 초부터 사업부지인 제주도 서귀포시 강정마을에서는 연일 긴장감이 돌고 있다. 예산집행률이 지난 6월 말 기준으로 14% 정도(1,372억 원)라고 하지만, 이 중 절반 정도는 어업피해와 사업부지 수용에 따른 보상금이어서, 아직까지 자연환경을 복원할 수 없을 만큼 심각한 훼손은 없었다. 농지였던 육상부지의 비닐하우스 등을 철거해 펜스로 둘러쳤을 뿐이고, 해상매립공사는 시작도 되지 않았다. 때문에 해군기지 건설결정을 재검토할 수만 있다면, 충분히 되돌리기에 가능한 시점이라 우리에게 지금은 최후의 투쟁국면이다. 특히 올해 초부터 벌어지고 있는 투쟁은 지난 10년간의 해군기지 건설 반대운동에 비해 저항의 범위와 주체가 전국화 · 세계화되었고, 내년 4월 총선과 12월 대선이라는 거대한 정치일정이 기다리고 있기 때문에 정치세력들 간의 역학관계와 표계산이 복잡하게 얽혀 돌아가고 있다.

급박하게 전개되고 있는 해군기지 건설 반대투쟁

고립된 섬 제주에 대규모 해군전략기지가 필요한 이유뿐 아니라, 강정마을로 사업부지가 결정되는 과정에서의 비민주적인 절차와 방법, 그리고 대규모 개발행위로 인한 자연환경의 파괴 문제 등은 해결되지 않았기에 강정마을 주민들과 제주지역 시민사회단체, 천주교 제주교구가 중심이 되어 저항을 계속하고 있다. 올해 들어서는 기독교 단체인 '개척자들', 평화단체인 '평화와 통일을 여는 사람들'과 '생명평화결사 순례단'을 비롯한 여러 조직과 단체, 그리고 자발적 개인들이 육지와 외국에서 결합하고 있다. 우리들은 해군이 진행한 각종 행정절차의 인허가 결정에 대해서는 법정소송으로, 사업현장에서는 비폭력 직접행동을 통해 공사를 저지하고 있다.

특히 펜스로 둘러쳐진 사업부지를 가로질러 바닷가인 중덕해안으로 진입할 수 있는 유일한 농로를 지키려는 투쟁에 집중하고 있다. 이 농로는 스무 개가 넘는 올레코스 중에서 가장 아름답다는 7코스에 포함된다. 해군기지의 육상부지와 해양부지의 한가운데 위치한 중덕해안에는 '구럼비'라 불리는, 길이가 1km가 넘는 거대한 하나의 바위덩어리가 암반해안을 이루고 있으며, 사진 전시관과 비닐하우스 및 텐트가 설치되어 있어 지난 4년간 해군기지 반대운동의 거점을 구축하고 있는 지역이다.

올해 초 해군은 구럼비 바위를 깨어 육상부지에서 제작한 콘크리트 방파제 구조물을 해상으로 옮길 수 있도록 통로를 만들었지만, 강정마을주민들과 반대단체 활동가들은 그 통로에 비닐하우스를 설치해 먹고 자면서 투쟁을 계속하고 있다. 때문에 지난 7월 초 법무부 장관 명의로 강정마을회를 비롯해 반대단체 소속회원들에 대한 공사방해금지 및 출입금지 가처분 신청을 했으며, 만약에 이를 어길 시 매 1회 500만 원의 벌금을 납부토록 했다. 또한 건설업체인 삼성물산과 대림산업 등은 마을주민들을 상대로 약 2억 9천만 원 상당의 공사방해에 따른 손해배상청구소송을 제기했다.

7월 29일, 농로 관리권자인 서귀포시는 지난 1년간에 걸친 중앙정부의 압력 끝에 중덕해안으로 이르는 농로의 용도를 폐기했다. 이로써 이 길을 지나가는 게 불법이 되었고, 이 길이 막히면 구럼비 바위가 있는 중덕해안으로 진입할 수 없게 되어, 공사를 저지할 수 있는 거점지역을 빼앗기게 된다. 물론 이에 대해 강정주민들은 8월 1일, 서귀포시장을 상대로 농로폐기 무효소송 및 가처분 신청을 제기했다. 그러나 이제까지 제기했던 소송에서 법원은 항상 원고부적격, 소의 이익 없음 등을 이유로 기각이나 각하판결을 내려 행정부의 법률대리인 역할만을 자처해 왔다.

조만간 해군은 펜스를 설치하고 농로를 없애서 반대단체들의 출입을 막을 계획이다. 실제로 경찰은 8월 14일, 서울·경기경찰청 소속 전경기동대 500여 명과 물대포 3대 및 최루액 살포차량까지 제주도에 파견했으며, 8월 15일 저녁에는 제주도 내 경찰들을 비상소집하여 농로폐지를 집행할 예정이었다. 그러나 이날 저녁 중앙정치권의 긴박한 움직임을 통해 경찰력 투입은 취소되었지만, 해군이 법원에 신청한 공사방해금지 및 출입금지 가처분이 8월 말 정도 결정될 예정이기에, 대규모 충돌은 불가피하다.

'평화의 섬 제주'에 대규모 군사기지가 왜 필요한가

해군은 총 예산 9,770억 원을 들여 2015년까지 강정마을 육상 29만㎡(8만 7천 평)를 매입하고, 해상 20만㎡(6만 2천 평)를 매립하여 해군전략기지를 건설하고 있다. 아시아 최대 상륙함인 독도함(갑판길이 199m로 경항공모함)과 이지스함인 세종대왕함, 그리고 잠수함 등 대형 군함 20여 척이 계류할 수 있도록 외곽방파제만 2,500m에 달하고, 함정 계류부두의 길이는 2,400m다.

기존의 동해, 부산, 진해, 평택의 해군기지는 우리나라의 동해, 남해, 서해 등을 북한의 군사적 위협으로부터 방어하는 목적을 둔 '연안해군'의 개념에 따른 데 비해, 제주 해군기지는 남방해역 및 해상교통로 보호를 위한 '대양해군'의 개념에 따라 추진되고 있다.

그런데 중국과 일본이라는 대국에 둘러싸인 우리나라의 남방 해상수송로를 위협하는 존재는 무엇인가. 말라카해협을 위협하는 해적은 국제적인 해양경찰의 협력을 통한 공동대응사안이며, 해군 통계자료에 따르더라도 최근 이 지역의 해적 발생빈도는 줄고 있다. 더욱이 제주 해군기지 추진의 대표주장인 '대양해군론' 조차 지난해 천안함 침몰 및 연평도 포격 사건의 영향으로 해군 내부에서 폐기했고, 올해 4월 관련 법률 개정으로 완전히 폐기되었다. 즉, 주적인 북한의 무력도발도 제대로 대응하지 못하는 상황에서, 저 먼 바다에 존재하는지도 모르는 미래의 위협에 대한 대비는 나중의 일이라는 것이다.

노무현 정부는 2005년 1월 27일, 제주도를 '세계 평화의 섬'으로 공식 지정했다. 이즈음 제주발전연구원의 도민여론조사에서도 '해군기지 건설의 추진여부 결정 시 우선 고려해야 할 사항'으로 국가안보나 지역경제 파급효과보다 '평화의 섬' 이미지를 14.4% 이상 더 많이 선택하여 제1요인으로 꼽았다. 제주도가 '세계 평화의 섬'으로 지정된 이후, 도민들의 기대감과 평화의식을 강하게 반영한 것으로, 평화의 섬과 군사기지가 양립할 수 없다는 도민들의 생각이다.

그럼에도 노무현 정부는 제주도의 대규모 군사기지화를 추진했다. 2005년 4월, 해군본부는 제주도 및 남제주군에 해군기지 사업계획을 설명했고, 2006년에는 공군의 제주도 전략공군기지 추진계획이 알려졌으며, 이후 공군은 명칭만 남부탐색구조부대라고 변경해 창설추진을 공식 인정했다.

미·중 간 패권경쟁이 나날이 심화되고 있는 상황에서 중국의 경제중심지 상하이와 매우 가까운 제주도에 대규모 군사기지가 들어설 경우, 미사일방어시스템(MD)이나 미 항공모함 전단의 입항 등을 통해 미국의 대중국 견제장치로 이용될 수 있다. 우리 국방부가 아무리 아니라도 주장해도, 한미상호방위조약에 따라 모든 한국군 기지는 미군이 사용가능하며, 특히 우리나라가 한미동맹을 중시하는 이상, 국방부의 주장을 곧이곧대로 믿을 수 없다. 제주 해군기지 건설이 뜨거운 사안으로 대두되는 현 시점에 중국이 첫 항공모함 건조사실을 공식인정해 시험운항까지 한 것은 의미심장하다.

국가가 지정한 '세계 평화의 섬'이며, 유사시 제일의 공격목표가 되고, 경우에 따라서는 일시점령도 가능한 고립된 섬에, 대규모 군사기지 건설 추진이 타당한지에 대한 논의는 사라진 지 오래며, 잘못된 입지결정이라고 호소하는 강정마을 주민들의 간절한 외침에도 정부와 제주도정은 지난 4년간 귀를 막은 채 자신들의 주장만 되풀이하고 있다.

국가 민주주의보다 훌륭한 '마을 민주주의'

군 내부에서 제주도 해군기지의 필요성이 처음 제기된 시기는 지난 1993년 12월 열린 156차 합동참모회의에서였다. 이에 따라 1995년에는 '1997~2001 국방중기계획'에 제주 해군기지 건설계획이 반영되었고, 제주도 내 6군데 해안 지역을 조사하여 2002년 화순항을 후보지로 결정하였다. 군 내부의 결정과정부터 부지조사에 이르는 10년 동안 제주도민들은 해군기지건설에 대해 알지 못했다. 그러나 2002년 여름 항만기본계획 수립 과정에서 화순항의 일부가 군항인 '보안부두'로 지정된 것이 확인되자, 지역주민들과 시민사회단체를 중심으로 격렬한 반대운동이 있었다. 제주도청 또한 반대가 찬성보다 2배 이상 많이 나온 여론조사 결과를 토대로 반대입장을 표명했고, 결국 기지건설을 유보하겠다던 노무현 후보의 대통령 당선으로 공식적으로 유보결정이 되었다.

그럼에도 해군은 2005년 다시 기지건설을 추진해 이번에는 위미 지역으로 부지를 옮기려 했다. 겉으로는 지역주민의 유치요구에 부응하는 것처럼 꾸몄지만, 실제로는 제주도 고위 공무원과 해군의 개입을 통해 마을 유지들을 조직한 결과였다. 결국 모든 사실이 밝혀지자 마을 주민들은 총회개최를 통해 반대입장을 분명히 했고, 반대대책위를 구성해 투쟁했다. 그러다 2007년 4월, 김태환 지사의 해군기치 유치 로드맵이 발표되었다. 이즈음 인구 1,900명의 강정마을에서는 해녀 40명 등 87명이 참가한 임시 마을총회가 기습적으로 열려 해군기지 유치를 결정해버렸다. 그 배경으로 당시 강정마을회장 및 어촌계장이 김태환 지사와의 사전조율이 있었다는 신빙성 있는 의혹이 제기되었고, 해군 또한 화순과 위미에서 가장 강력한 반대세력이 해녀임을 깨달았기에 강정에서는 해녀들에게 먼저 접근하여 공작을 펼친 결과였다. 유치신청을 한 지 불과 며칠 후에 진행된 도민 여론조사로 인해 그동안 부지로 거론조차 안 됐던 강정마을은 급작스레 해군기지 건설지로 결정되었다.

이후 강정마을의 풀뿌리 민주주의는 잘못된 결정을 바로잡기 위한 절차에 나섰다. 우리나라 민주주의에는 아직 대통령에 대한 국민소환제가 없으며, 주민소환제도 또한 실행하기 매우 어렵다는 것이 수차례의 경험을 통해 드러났지만, 강정마을에서만큼은 독단적으로 해군기지 유치결정을 한 마을회장을 주민투표를 통해 해임시킬 수 있었다.

해군기지 사업부지로 확정되자, 몇몇 마을 주민들이 반대대책위를 구성하여, 해군기지 유치를 결정한 마을총회의 적법성에 문제를 제기했다. 여러 번의 논란 끝에 2007년 8월 10일 열린 마을임시총회에서 마을주민 436명이 참가해 유표 투표수의 95.4%인 416명이 해군기지 유치결의를 주도한 마을회장 윤 모 씨를 해임시키고, 현 마을회장인 강동균 씨를 새롭게 선출했다. 8월 20일, 해군이 조직적으로 주민투표 불참을 종용하는 가운데 열린 해군기지 유치찬반투표 또한 마을주민 725명이 참가해 유효투표수의 94%인 680명이 유치에 반대했다. 이후부터 최근의 마을총회까지 '해군기지 결사반대' 를 고수하고 있다.

그러나 4년이 넘는 투쟁의 과정에서 마을 공동체는 찬성과 반대 측으로 갈라져 갈등을 겪고 있으며, 이로 인해 심각한 정신피해를 얻기도 했다. 〈서귀포신문〉이 2009년 9월 2일부터 11일까지 강정마을 주민들을 대상으로 실시한 '정신건강 실태조사' 결과에 의하면 적대감, 우울, 불안, 강박 등 정신적인 이상 소견이 있는 사람이 전체 주민 중 75.5%를 차지하였다. 정신이상 소견 중에는 적대감이 가장 많았는데 전체 주민 중 57%가 이로 인해 고통받고 있었다. 자살을 시도하거나 계획했다고 응답한 주민들도 34.7%나 됐고, 지난 6월에는 강정마을 주민이 음독자살을 기도했다가 가까스로 회복되는 사건도 벌어졌다. 또한 반대 주민들은 강정해군기지추진위원장(해임된 전 마을회장 윤 모 씨), 시청공무원, 해군 등으로부터 고소고발을 당해 현재까지 5,000만 원이 넘는 벌금을 납부했고, 3명이 구속되었었다.

강정바다는 멸종위기보호종이 서식하는 환경보전지역

제주도의 모든 바다가 우수한 자연환경을 보여주고 있지만, 그중에서도 강정 바다는 5개의 환경보전구역으로 지정되어 있으며, 멸종위기보호종들도 많이 발견되었다. 해양부지는 천연기념물 제442호인 연산호군락이 서식하고 있는 문화재청 문화재보호구역(2004년)과 유네스코 생물권보전지역의 완충지역(2002년)이고, 사업부지 인근 2km 남짓 위치한 범섬은 해양수산부 해양보호구역(2002년)과 제주도립해양공원(2006년)으로 지정되었으며, 육상부지는 제주도 절대보전지역(2004년)과 절대보전연안(2007년)으로 지정되었다.

2007년 여름, 사업부지 서쪽인 강정포구 인근에서 환경부지정 멸종위기보호동물 2급인 기수갈고둥이 발견되었고, 11월에는 사업부지 해양에서 멸종위기동물 1급 나팔고둥과 2급 금빛나팔돌산호가 발견되었다. 2009년에는 사업부지 육상 전역에서 멸종위기동물 2급 붉은발말똥게가 대규모로 서식하고 있는 것이 발견되었다. 이러한 멸종위기보호종들은 해군의 환경영향평가에서 확인한 게 아니라, 환경단체와 마을주민들이 직접 찾아내었다.

이렇게 자연환경이 매우 우수함에도 불구하고, 해군은 국가와 제주도정의 적극적인 협조와 비호 아래 이뤄진 각종 행정절차의 인허가 결정을 통해 정부 스스로 결정한 환경보전지역 지정근거를 무력화시켰다. 2008년 사전환경성검토 협의에서 시작해 국방부는 2009년 1월 국방 · 군사시설 실시계획을 승인했고, 문화재청 또한 2009년 9월 문화재현상변경을 허가했으며, 2010년 3월 부산해양항만청은 공유수면매립면허를 승인했다. 제주도청도 2009년 12월에 환경영향평가 협의를 해줬고, 절대보전지역도 해제시켜줬다. 국가안보와 지역발전을 내세우며 추진하는 해군기지 건설은 평화의 섬에 대한 퇴행적 해석뿐 아니라 주민동의 절차도 무시했으며, 환경보전은 부수적인 사항으로 전락해버렸다.

전국화 · 세계화되는 해군기지 반대투쟁과 해결방안

제주 해군기지 건설이 아시아 · 태평양지역 안보와 평화의 중요한 사안임에도 불구하고, 2002년 화순항 해군기지 건설 반대운동부터 지난해까지는 사실상 제주도 내부에서의 투쟁이었다. 주로 해군기지 유치를 추진하던 도지사와 지역의 보수 · 안보단체와의 논리 투쟁이었고, 2009년에는 도지사에 대한 주민소환운동까지 나아갔다. 그럼에도 김태환 전 지사는 해군기지를 강행했고, 우근민 현 지사 또한 해군기지를 수용했다. 지난 지방선거 당시 우근민 후보가 윈-윈 전략이라고 내세웠던 것이 사실상 해군기지 건설에 대한 적극협조를 통한 대폭적인 국비 지원을 이끌어 내는 내용이었다는 게 최근 밝혀졌다.

제주도의회에서도 해군기지특별위원회를 구성했지만 이렇다 할 성과는 없었으며, 오히려 지난 8대 도의회에서는 한나라당이 중심이 되어 절대보전지역 해제 동의안을 날치기 통과시켰다. 하지만 2010년 6월 지방선거 이후, 민주당 등 야당이 다수로 구성돼 역전된 상황에서, 절대보전지역 해제 취소 의결을 통해 전임 도의회의 날치기 결정을 뒤집었고, 해군기지 공사현장에서 강정마을주민들과 함께했으며, 최근에는 도의회 의장이 나서서 주민투표를 통해 해군기지 유치결정에 대해 재검토를 주장하고 있다.

제주출신 국회의원들은 국회예산 통과 시 부대조건인 '기항지 중심의 민군복합형 관광미항'을 국방부가 자의적으로 해석해 '해군기지'만을 건설한다고 비판하면서, 야5당 진상조사단을 구성해 활동하였고, 8월 4일 보고서를 발표하여 "제주해군기지 사업은 국회 부대의견 미준수, 환경 및 생태계 훼손 우려, 심각한 절차적 하자 등으로 인해 일시 중단하고 재검토해야" 한다고 밝혔다.

지난 5월 강정마을을 방문했던 미국의 여성운동가 글로리아 스타이넘의 기고를 비롯해 〈뉴욕타임즈〉는 8월에 3건의 제주해군기지 기고문을 보도했고, 이를 바탕으로 〈CNN〉에서도 국제적인 강정마을 보호캠페인을 소개하기도 했다. 또한 육지와 일본에 사는 재외 제주도민들도 성명을 발표하고 나섰다. 전국적인 지지방문과 현수막 및 텐트 등의 물품 보내기도 꾸준히 이어지고 있다. 이렇게 제주 해군기지 건설 문제는 전국화 · 세계화되고 있다.

복잡하게 얽힌 해군기지 건설사업에 대한 하나의 출구전략도 제시되고 있다. 해군이 제주도에 기동전단의 모항 대신, 현재 화순항에 건설예정인 신설 제주해양경찰청의 해경부두를 확대해 기항지로 사용한다면, 이미 제작된 방파제시설 콘크리트 구조물은 화순항으로 옮기면 되고, 매입된 육상부지는 평화생태공원으로 조성한다는 계획이다. 그리고 그동안 강정마을 주민 등 제주도민이 받은 상처와 공동체 파괴에 대한 치유작업도 진행된다면 제주 해군기지 건설사업은 지금이라도 당장 되돌릴 수 있다. 다만, 이러한 결정을 내리는 권한이 우리가 아닌 대통령과 정치인에게만 있는 것이 안타까울 뿐이다.

※ 후기

2011년 8월 말, 법무부 장관 명의로 제기된 '해군기지 공사방해금지 및 공유수면 출입금지 가처분 신청' 이 법원에 의해 받아들여졌고, 9월 2일 육지에서 파견 나온 800여 명의 경찰관 기동대 및 전경 등 1,000여 명의 공권력에 의해 30여 명이 연행되었으며, 마을에서 구럼비 바위가 있는 중덕해안으로 가는 유일한 통로인 '농로' 가 펜스로 막혀버렸다. 그러나 다음 날인 9월 3일 열린 강정평화대회에서는 전국과 도내 곳곳에서 평화비행기 1대와 24대의 평화버스 등을 타고 온 2,000여 명이 참가하여 해군기지 백지화 및 평화적 해결을 촉구했다. 현재 마을회장과 범대위 집행위원장을 비롯해 6명이 구속된 상황이지만, 제주도의 전쟁기지화에 저항하고, 평화의 섬을 실현하려는 운동은 지속되고 있다.

※ 출처: 〈녹색평론〉 통권 120호, 2011년 9-10월호
《울지마 구럼비, 힘내라 강정》(2012) 새수록

부록

병역의무자의 자녀양육권 보장 촉구 건의문

1. 건의내용

병역의무자의 자녀양육에 관한 헌법적 의무 및 권리를 보장하기 위한 제도를 즉각 마련해주기 바랍니다. 이를 위해 기존 기혼자 유자녀 현역병(입영대상자)에 대한 상근예비역 편입제도의 불합리하고 위헌적인 단서조항을 폐지하고, 자녀수당을 신설 · 지급해 줄 것을 건의합니다.

2. 건의사유

기혼자 유자녀 현역병(입영대상자)은 헌법 제39조[1]에 따른 국방의무뿐만 아니라, 헌법 제36조[2] 가족제도의 보장에서 남성의 가족에 대한 부

1) 제39조 ① 모든 국민은 법률이 정하는 바에 의하여 국방의 의무를 진다.
② 누구든지 병역의무의 이행으로 인하여 불이익한 처우를 받지 아니한다.

양의 권리가 도출됨에 따라, 부모로서 어린 자녀를 양육할 의무도 갖고 있습니다.[3] 특히 이러한 권리와 의무는 민법에 따른 협의이혼 후에도 적용되는 것으로서, 양육비 지급의무 및 자녀 면접교섭권으로 연결됩니다.[4]

본인의 자녀출산 후 양육경험 및 여러 관련 논문을 참고할 때, 양육의

2) 제36조 ① 혼인과 가족생활은 개인의 존엄과 양성의 평등을 기초로 성립되고 유지되어야 하며, 국가는 이를 보장한다.

② 국가는 모성의 보호를 위하여 노력하여야 한다.

③ 모든 국민은 보건에 관하여 국가의 보호를 받는다.

3) 헌법재판소 판례(군인사법 제48조 제3항 위헌확인 [2005헌마1156, 2008.0.0, 전원재판부])에서도 "양육권은 공권력으로부터 자녀의 양육을 방해받지 않을 권리라는 점에서는 자유권적 기본권으로서의 성격을, 자녀의 양육에 관하여 국가의 지원을 요구할 수 있는 권리라는 점에서는 사회권적 기본권으로서의 성격을 아울러 가지며" 또한 소수의견으로 "자녀의 출산과 양육은 국가를 유지하기 위한 인적 기반이 된다는 점에서 국가공동체의 생존 및 발전, 나아가 인류의 존속을 위해서도 결코 소홀히 할 수 없을 뿐만 아니라 자녀에 대한 양육권은 부모의 천부적인 권리인 동시에 부모에게 부과된 의무"라고 결정하고 있습니다.

4) 제837조 (이혼과 자의 양육책임) ① 당사자는 그 자의 양육에 관한 사항을 협의에 의하여 정한다. 〈개정 1990.1.13〉

② 제1항의 협의는 다음의 사항을 포함하여야 한다. 〈개정 2007.12.21〉

1. 양육자의 결정
2. 양육비용의 부담
3. 면접교섭권의 행사 여부 및 그 방법

③ 제1항에 따른 협의가 자(子)의 복리에 반하는 경우에는 가정법원은 보정을 명하거나 직권으로 그 자(子)의 의사(意思) · 연령과 부모의 재산상황, 그 밖의 사정을 참작하여 양육에 필요한 사항을 정한다. 〈개정 2007.12.21〉

④ 양육에 관한 사항의 협의가 이루어지지 아니하거나 협의할 수 없는 때에는 가정법원은 직권으로 또는 당사자의 청구에 따라 이에 관하여 결정한다. 이 경우 가정법원은 제3항의 사정을 참작하여야 한다. 〈신설 2007.12.21〉

⑤ 가정법원은 자(子)의 복리를 위하여 필요하다고 인정하는 경우에는 부 · 모 · 자(子) 및 검사의 청구 또는 직권으로 자(子)의 양육에 관한 사항을 변경하거나 다른 적당한 처분을 할 수 있다. 〈신설 2007.12.21〉

⑥ 제3항부터 제5항까지의 규정은 양육에 관한 사항 외에는 부모의 권리의무에 변경을 가져오지 아니한다. 〈신설 2007.12.21.〉

제837조의2 (면접교섭권) ① 자(子)를 직접 양육하지 아니하는 부모의 일방과 자(子)

무에는 1) 처자식의 생계를 위한 경제적 활동[5], 2) 자녀의 정서 및 사회적 발달을 위한 아버지의 역할[6], 3) 배우자와 가사노동 분담[7] 등이 기본적으로 포함됩니다.

그런데 현재 병역법과 관련 시행령 및 훈령은 양육의무와 국방의무를 충돌시키고 있으므로, 서로 조화를 이룰 수 있는 방안을 모색해야 합니다. 하지만 그 방법이 양육의무보다 국방의무를 우선하고 있기 때문에 국민이기에 앞서 생물학적 존재인 부모로서 당연히 수행해야 할 양육의무를 제한하고 있습니다. 그나마 양육의무를 보장토록 하기 위해 몇 년 전 신설되어 개정된 관련 제도가 소수의 특정인에게는 제외되어 있으므로,

---

는 상호 면접교섭할 수 있는 권리를 가진다. 〈개정 2007.12.21〉

② 가정법원은 자의 복리를 위하여 필요한 때에는 당사자의 청구 또는 직권에 의하여 면접교섭을 제한하거나 배제할 수 있다. 〈개정 2005.3.31〉

[본조신설 1990.1.13]

5) '아이사랑카드' 를 통해 정부는 어린이집 비용을 보조해주고 있지만, 그 이외 기저귀 및 분유값, 의류비용 등 자녀의 양육을 위해 필요한 비용은 부모의 경제적 활동을 통해 충당해야 하는데, 가장의 2년 정도의 군복무 기간 중 사병의 월급은 병장이 되어서야 월 10만 원 정도임. 이 정도의 금액으로는 남겨진 배우자와 영 · 유아의 생존에 턱없이 모자라며, 최저생계비에도 미치지 못함. 따라서 유자녀 기혼자 현역병에 대해서는 '자녀수당' 을 신설해 지급할 필요가 있음.

6) 아버지의 군복무로 인한 영유아의 사회적 · 정서적 발달에 악영향(일시적 한부모상황)을 주고 있음. 수많은 아동가족학 관련 실증적인 연구논문에 따르면 영유아의 사회 · 정서적 발달에 아버지가 끼치는 역할이 매우 막중함. 또한 한부모 또는 조부모 가정에서는 아버지의 부재로 인한 악영향도 찾아볼 수 있음. 이와 관련된 논문으로는 엄정숙, 2001, "아버지 역할수행과 유아의 사회정서적발달", 한양대학교 석사학위논문; 윤서영, 1999, "아버지의 역할수행과 아동의 사회적 적응과의 관계", 고려대학교 석사학위논문 등 이외 대다수의 "아버지의 역할수행" 키워드로 논문을 검색할 수 있음.

7) 식사준비와 설거지, 세탁과 빨래 개기, 청소 및 폐기물/재활용품 배출 등 가사노동은 이반 일리치가 표현한 "그림자노동"으로, 노동자의 상품생산 노동력 회복에 필수적인 노동이며, 노동강도 또한 세지만, 그 가치가 제대로 인정받지 못하고 있음.

불합리하고 위헌적인 제도의 개선이 시급히 필요합니다.

〈양육권에 대한 헌법재판소 판례〉

군인사법 제48조 제3항 위헌확인 [2005헌마1156, 2008.0.0, 전원재판부]

■ 기본권으로서의 양육권의 의의

자녀에 대한 부모의 양육권은 비록 헌법에 명문으로 규정되어 있지는 아니하지만, 이는 모든 인간이 누리는 불가침의 인권으로서 혼인과 가족생활을 보장하는 헌법 제36조 제1항, 행복추구권을 보장하는 헌법 제10조 및 '국민의 자유와 권리는 헌법에 열거되지 아니한 이유로 경시되지 아니한다.' 라고 규정한 헌법 제37조 제1항에서 나오는 중요한 기본권이다. 부모는 자녀의 양육에 관하여 전반적인 계획을 세우고 자신의 인생관 · 사회관 · 교육관에 따라 자녀의 양육을 자유롭게 형성할 권리를 가진다. 헌법은 제36조 제1항에서 혼인과 가정생활을 보장함으로써 가족의 자율영역이 국가의 간섭에 의하여 획일화 · 평준화되고 이념화되는 것으로부터 보호하고 있는데, 가족생활을 구성하는 핵심적 내용 중의 하나가 바로 자녀의 양육이다[헌재 2000. 4. 27. 98헌가16, 98헌마429(병합), 판례집 12-1, 427, 445-448 참조].

한편 헌법 제36조 제1항은 혼인과 가족에 관련되는 공법 및 사법의 모든 영역에 영향을 미치는 헌법원리 내지 원칙규범으로서의 성격도 가지는데, 이는 적극적으로는 적절한 조치를 통해서 혼인과 가족을 지원하고 제3자에 의한 침해 앞에서 혼인과 가족을 보호해야 할 국가의 과제를 포함하며, 소극적으로는 불이익을 야기하는 제한조치를 통해서 혼인과 가족을 차별하는 것을 금지해야 할 국가의 의무를 포함한다(헌재 2002. 8. 29. 2001헌바82, 판례집 14-2, 170, 180).

따라서 양육권은 공권력으로부터 자녀의 양육을 방해받지 않을 권리라는 점에서는 자유권적 기본권으로서의 성격을, 자녀의 양육에 관하여 국가의 지원을 요구할 수 있는 권리라는 점에서는 사회권적 기본권으로서의 성격을 아울러 가지고 있다고 할 수 있다.

〈부모의 자녀양육권에 대한 논문〉 내용(발췌)

아동 · 청소년보호의 헌법적 기초

- 미성년 아동 · 청소년의 헌법적 지위와 부모의 양육권

김선탁(헌법재판소 도서 및 판례심의위원, 고려대학교 법대 교수)

III. 아동 · 청소년 보호와 부모의 양육권

1. 부모의 양육권의 헌법적 근거

아동 · 청소년의 주관적 권리가 헌법에 명시되어 있지 않은 것처럼 아동 · 청소년의 성장에 조력할 부모의 양육권 역시 헌법에 직접적으로 규정되어 있지는 않다. 다만, 헌법은 "모든 국민은 그 보호하는 자녀에게 적어도 초등교육과 법률이 정하는 교육을 받게 할 의무가 있다."(헌법 제31조 제2항)라고 규정함으로써 부모가 그 자녀에 대하여 교육과 관련한 일차적 결정권을 가지고 있음을 전제하고 있음을 알 수 있다. 이 규정은 헌법상 미성년의 아동 · 청소년에 대한 부모의 양육권의 간접적 근거 규정이라고 할 수 있다.

사실 미성년의 자녀(아동 · 청소년)에 대하여 그 부모가 양육의 책임을 지는 것은 법의 규정 여하를 떠나서 '자연적인' 것이다. 부모는 자녀의 임신 · 출산과 관련한 결정의 주체로서 출산 이후의 책임이 수반될 수밖에 없다. 또한 부모와 자녀의 연대는 본능의 세계에 속하는 것으로서 그들 사이를 인위적으로 절연하는 것은 매우 부자연한 것이다. 부모에게 있어 미성년 자녀의 성장의 이익은 타인(자녀 자신만)의 이익에 불과한 것이 아니라 바로 자기 자신의 이익이기도 하다. 부모가 어느 누구의 견해보다도 자기 자신의 옳다고 생각하는 바에 따라 자녀를 키우는 것은 부모와 자녀 사이의 특수한 관계에 비추어 부모뿐만 아니라 보통의 경우 자녀의 이익에도 부합하는 것이다. 따라서 미성년자녀를 신체적으로 부양하고 정신적으로 보호 · 교육하는 일은 법규정 이전에 이미 부모에게 당연히 있는 '자연적인' 권리에 다름 아니다.
부모와 자녀와의 이 특별한 결속은 양자 사이에 제3자가 끼어드는 것을 원칙적으로 배척하도록 요구한다. 미성년의 아동 · 청소년의 건전한 성장에 대하여 국가와 사회가 가지는 이익은 따라서 2차적으로 고려되어야 한다. 미성년 아동 · 청소년의 양육에 관한 한 부모의 권리의무가 우선한다는 것이다. 국가에게 미성년 아동 · 청소년의 양육에 대한 권한을 인정할 경우 '자연적' 관계에 '인위적' 개입을 허용하는 일이 될 것이고, 이는 아동 · 청소년의 이익을 위하여 불가피하게 요구되는 경우에 국한하여야 할 것이다.

법적으로 말하자면 부모의 자녀양육권은 국가이전적인, 초실정적인 권리로서의 '자연' 권이다. 법질서는 이러한 자연권으로서의 부모의 양육권을 전제로 출발할 수밖에 없다. 헌법에 부모의 양육권을 명시한다 하더라도 이는 단순한 확인 · 선언규정에 불과할 것이다.

다만, 기본권해석론적으로 부모의 양육권의 헌법적 근거규정을 분명히 필요가 있다. 왜냐하면, 부모의 양육권은 아동 · 청소년이라는 별개의 인격체가 헌법상 보유하는 기본권의 행사에 대한 제약을 허용하는 근거로서 작용하므로 역시 헌법에 근거를 두지 않으면 안 되기 때문이다. 부모의 학령아동자녀의 교육을 받게 할 의무규정(헌법 제31조 제2항)이라든가 가족의 자율성을 제도적으로 보장한 규정(헌법 제36조 제1항)을, 그들 규정이 부모의 양육권을 전제로 하고 있으므로, 간접적 근거규정이라고 할 수 있다. 나아가 부모의 양육권은 부모의 주관적 권리를 구성하는 것이므로 헌법적인 직접적 근거규정으로서는 열거되지 아니한 권리규정(헌법 제37조 제1항)을 들어야 할 것 같다. 즉 부모의 행복추구에 중요한 자유영역의 하나로서 독자적인 기본권 유형을 구성할 수 있는 것으로 헌법에 열거되지 아니한 권리의 하나가 된다고 본다. 이런 의미에서 부모의 양육권은 헌법에 열거된 다른 기본권과 동등한 정도의 법적 효력을 발휘하게 된다.

※ 출처: 『헌법논총』 제8집, 헌법재판소(1997)
www.ccourt.go.kr/home/att-file/library/hn08.pdf

3. 건의자의 상황

저는 1983년 2월생으로, 병역법 제11조에 의해 만 19세가 되던 2002년 7월 4일 제주지방병무청에서 징병검사를 받았습니다. 그 결과 신체등위 1급으로 현역병입영대상 처분을 받았으나, 4년제 대학에 재학하고 있던 관계로 자동적으로 입영연기가 되었습니다. 그리고 2005년 8월 대학을 졸업하고 2006년 3월 대학원 석사과정에 입학하여 재학생 입영연기를 하였고, 2008년 2월 석사학위 취득 후, 곧이어 3월에는 대학원 박사과정에 입학하여 만 28세가 되는 2011년 12월 31일까지 입영연기를 하였습니다.

제가 대학원에 진학한 이유는 크게 2가지입니다. 첫째로 저는 환경운동을 보다 전문적으로 하기 위해 대학원에 진학하여 '환경사회학' 을 공부하였습니다. 저는 대학 신입생 때부터 환경운동을 하였고, 학부를 졸업한 이후에는 환경단체에 상근하면서 환경운동을 하였기 때문에 보다 전문적인 공부가 필요하였습니다.

둘째로 제 부모님은 대학 문턱에조차 가본 적이 없습니다. 어머니는 중학교까지는 졸업하였으나, 아버지는 초등학교 졸업 학력이 전부이고, 그마저도 돈이 없어 졸업식에는 참여조차 못하였습니다. 아버지는 목수일을 하고 계셔서 제주대학교 자연과학대학 신축공사를 하러 갔을 때가 그나마 대학이라는 곳을 가본 유일한 경험입니다. 또한 저는 2남 1녀의 막내인데, 누님은 고등학교 졸업 후 대학 진학을 못하였고, 형님은 4년제 대학진학에 실패하여 전문대학에 입학하여 졸업을 하였습니다. 때문에 저는 우리 집안의 유일한 4년제 대학졸업자로서, 배우지 못한 부모님과 남매의 한을 풀기 위해 보다 더 깊은 공부를 하고 싶어서 대학원에 진학하였습니다.

다만, 대부분의 제 친구들을 비롯한 지방국립대 졸업생들이 그러했듯이 서울대학교 대학원에 진학하지 않은 이유는 서울에서 공부하며 생활할 만한 돈이 없었고, 저는 사랑하는 내 고향 제주도에서 환경운동을 하면서 공부도 하고 싶었기 때문입니다.

이러던 와중에 2008년 12월부터 현재의 배우자와 동거를 시작하여,

2010년 여름 임신 사실을 확인하였고 2011년 1월 15일 혼인을 한 후, 5월 10일 자녀를 출산하였습니다.

그런데 입영연기 사유가 해소되자마자 2012년 3월 12일자로 논산훈련소로 입소하라는 현역병입영통지서를 받았습니다. 때문에 저는 자녀양육을 사유로 하여 2012년 12월 31일까지 입영기일 연기를 하였고, 최근 2013년 1월 21일 다시 현역병 입영일자가 확정되었습니다. 이와 관련해 제주지방병무청에서는 1년 이내 입영기일연기가 가능하므로, 2013년 3월 31일까지 다시 입영기일 연기를 해줬습니다. 따라서 2013년 4월에는 반드시 현역병으로 입영해야 하는 상황입니다.

그런데 자녀가 있는 기혼자 현역병(입영대상자)의 경우, 자녀양육을 위해 거주지 최기 부대로 전속토록 하거나, 상근예비역으로 편입하여 군복무를 할 수 있도록 2008년부터 관련 제도를 시행하고 있습니다.

그러나 저는 박사과정 입학 이상의 학력이라는 사유로 인해 상근예비역으로 편입 신청조차 못하고 있습니다. 또한 저는 만 29세 이상이므로 육 · 해 · 공군 및 해병대의 사병과 장교 등에 지원을 할 수 없기 때문에 육군으로 갈 수밖에 없습니다. 그런데 제가 거주하는 제주도에는 육군 부대가 없으므로 거주지 최기부대 복무도 불가능한 상황입니다.[8)]

현재 제 아이는 출생 후 19개월째로 겨우 스스로 걸어 다니는 수준까지는 발달하였지만, 아직까지 언어구사, 대 · 소변 가리기를 못하는 등 향후 2년 이상 부모의 적극적인 양육과 보호가 필요한 시점입니다.

---

8) 국민신문고 민원결과(민원인 신청번호 1AA-1211-053492, 2012년 11월 15일; 처리기관 접수번호 2AA-1211-123064, 2012년 11월 19일, 국방부 육군본부 병인사관리과).

더욱이 아이를 키우고 있는 상태에서 현역병으로 입영을 한다는 것은 가장으로서 약 2년간의 군복무 기간 동안 가계소득이 전혀 없다는 것을 뜻합니다. 특히 저는 배우자와 아들과 함께 살고 있는데, 제가 군복무로 인해 소득활동을 할 수 없다면, 배우자라도 일을 할 수밖에 없는데, 낮에는 돈을 벌고, 밤에는 육아 및 가사활동을 혼자 병행한다는 것은 매우 힘듭니다. 아이 또한 아버지가 없는 상황에 처해지기 때문에 정서적 · 사회적 발달에도 악영향을 미치게 됩니다.

한편 저희 아버지는 2010년 11월 급성뇌출혈로 쓰러지셔서 중환자실에서 1주일간 혼수상태로 계셨고, 약 한 달 동안 병원에 입원하신 적이 있습니다. 다행히 수술할 정도는 아니셨지만, 이후에 꾸준히 혈압약을 복용해야 하는 상태입니다. 그리고 이제는 무거운 짐을 못 들기 때문에 평생 직업으로 해오던 목수일을 못해서 쓰러진 이후부터 현재까지 소득활동을 전혀 하고 있지 못합니다. 어머니 또한 농사 등에 일용직으로 일하는 게 소득활동의 전부입니다. 제주도 농민 대부분이 하는 감귤 및 밭농사의 경우, 우리 집은 손바닥만 한 밭이 전부여서 사실 1년 농사를 지어서 농약값 · 비료값을 제외하면 수익이라고 할 만한 것은 전혀 없고, 인건비조차 건지지 못하게 됩니다.

결국 나의 군복무로 인해 갑자기 제 배우자는 '싱글-맘' (single mom)이 되어버리고, 제 아이는 '편부모' (한부모)가 되어버리는 것입니다. 그리고 제 부모님은 유일하게 근처에 살고 있는 자식의 보살핌을 못 받게 됩니다. 그렇기 때문에 상근예비역 편입을 통해, 최소한 가장으로서 가계소득활동에는 도움을 줄 수는 없더라도, 복무 전 · 후의 육아활동을 통해 배우자의 소득 및 육아 · 가사활동에 대한 부담을 덜어줌과 동시에, 아이의 정서적 · 사회적 발달에 긍정적 영향을 줄 수 있어야 합니다. 또한 주말에는 부모님을 찾아가 집안일도 도와드리면서 보살펴줄 수 있어야 합니다. 그것이 바로 '유자녀 병역의무자'를 대상으로 상근예비역 편입제도를 도입한 취지입니다.

4. 관련 제도의 도입과 시행

병역의무자의 기본권으로서 자녀양육권은 '기혼자 병역처분 및 군복무 지침'과 관련 병무청 훈령을 통해 처음으로 일부분 보장되었습니다. 그리고 이후 병역법 개정을 통해 법규로서 보장되고 있습니다. 이 과정을 기본권 형성적 법률 유보라 할 수 있겠습니다.

■ 병무청 훈령 제961호 '현역병 입영업무 규정' 중 제43조 1항 3호

> 3. 군소요 제기지역에 거주하는 현역병입영대상자 중 자녀가 있는 기혼자로서 상근예비역으로 복무를 원하는 사람. 다만, 의 · 치의 · 한의 · 수의과 대학을 졸업(졸업예정자 포함)한 사람과 박사학위 과정 입학 이상의 학력자는 제외

1) 제도 도입 배경 및 취지

국방부는 "자녀를 둔 기혼 현역병 입영대상자의 양육관련 고충 · 애로사항을 해소하고 복무활성화를 도모하기 위해" 입영 전 상근예비역 선발

제도를 도입하였습니다. 다만 병무청장은 현역 및 상근예비역의 인력수급 여건과 다른 병역의무자에 비해 상대적으로 높은 연령(28세)까지 입영연기를 보장하는 점 등 병역의무의 형평성을 고려하여 의과대학 졸업자 및 박사 학위과정 입학 이상자를 제외할 수 있도록 하였습니다.

이 제도는 국방부 정책회의(2007. 6. 7.)에서 결정된 후, 국방부 「기혼자 병역처분 및 군복무 지침」으로 각 군 및 병무청에 시달(2007. 06. 22.)되었습니다.[9] 이 지침의 주요 내용은 1) 자녀를 둔 기혼자 현역병 입영대상자를 상근예비역소집대상자로 선발, 2) 양육사유로 인한 유자녀 기혼자의 입영연기[10], 3) 유자녀 기혼자 현역복무자의 거주지 최기부대 전속 및 자녀 행사에 대한 휴가 보장입니다. 이 중 2), 3)은 2007년 7월 1일부터 시행했으며, 1)은 병무청이 2007년 10월 자녀를 둔 기혼자의 상근예비역 편입근거를 마련한 후 2008년 1월 1일부터 시행하고 있습니다.[11]

2) 관련 제도의 시행 및 변경

구 분	2008년	2009년	2010년	2011년 9월 말	2011년 (전체)	2012년 10월 말
계	591	537	668	413	526	358
석사과정	26	20	33	19	-	-
대학교	316	271	316	226	-	-
고등학교	235	231	304	161	-	-
중학교	14	15	15	7	-	-

9) 국방부 인력관리과-2924호(2011. 10. 18. 시행).

10) 저는 현재 이 사항에 근거하여 2012년 3월 14일부터 2012년 12월 31일까지 입영기일 연기 중입니다.

11) 국방부, '기혼자 병역처분 및 군복무 지침', 2007. 06. 22.

2008년부터 2012년 10월 말까지 기혼사유로 상근예비역으로 편입한 유자녀 현역병입영대상자는 '08년 591명, '09년 537명, '10년 668명, '11년 558명, '12년 10월 말 현재 358명으로 총 2,712명입니다. 이 중 대부분은 대학교 재학 이하의 학력자이며 석사과정은 20~30명에 불과합니다.[12)]

한편 이 제도를 시행하던 중 2010년 7월 국방부는 병역법을 개정하면서, '유자녀 현역병'의 상근예비역 편입근거를 마련하였습니다. 기존 제도는 현역병 입영대상자만을 대상으로 하였으나, 법률 개정을 통해 현역병으로 입영한 자 또한 배우자가 출산을 하면 상근예비역으로 편입하여 거주지 인근 부대로 출퇴근할 수 있도록 한 것입니다. 이를 통해 "출산율 향상과 육아여건 보장을 위한 정부정책 방향에 부응하고, 군 입대 전·후 출산한 병역의무자 간의 형평성"을 확보할 수 있다는 것입니다.

이 사항이 포함된 병역법 개정안은 2010년 8월 31일 열린 국무회의에서 심의·의결되었고, 2010년 9월 10일 보건복지부(관계부처 합동)가 발표한 '제2차 저출산·고령사회 기본계획('11~'15)'에도 포함되었습니다. 그리고 2011년 5월 24일 병역법이 개정되어 드디어 '유자녀 기혼자 현역병에 대한 상근예비역 편입제도'가 신설되었습니다. 이에 따라 병역법 시행령과 시행규칙에 대한 개정안이 2011년 8월 12일 각각 입법예고 되었고[13)], 9월 1일까지 의견수렴기간을 가졌습니다. 시행령은 11월 23일 공포되었고[14)], 시행규칙은 11월 24일 공포되었습니다[15)].

12) 정보(부분공개)결정통지서, 접수번호 1470548, 병무청 현역입영과-4021(2011. 10. 18.)
정보(공개)결정통지서, 접수번호 1885769, 병무청 병역자원과-5286(2012. 11. 30.)

13) 병무청 공고 제2011-36호; 병무청 공고 제2011-37호.

14) 대통령령 제23305호(2011. 11. 23.)

15) 국방부령 제750호(2011. 11. 24.)

더욱이 2013년 1월 1일부터는 상근예비역 선발 · 편입 범위를 자녀를 양육하고 있는 기혼자에서, "자녀를 출산 · 양육하는 이혼자 및 미혼자까지 확대"해 실시하고 있습니다.

■ 병역법 제21조(상근예비역소집의 대상 및 선발) 1항 및 3항

> 제21조(상근예비역소집의 대상 및 선발)
> ① 상근예비역(常勤豫備役)소집은 징집에 의하여 상근예비역소집 대상으로 입영하여 1년의 기간 내에서 대통령령으로 정하는 현역 복무기간을 마치고 예비역에 편입된 사람과 제65조제3항에 따라 예비역에 편입된 사람을 대상으로 한다. 〈개정 2011. 5. 24.〉
> ③ 제2항에 따른 상근예비역소집 대상자 선발기준은 거주지와 신체등위 · 학력 · 연령 등 자질을 고려하여 병무청장이 정한다.

■ 병역법 제65조(병역처분변경 등) 3항

> ③ 현역병(제24조 및 제25조에 따라 복무 중인 사람을 포함한다)으로 복무하고 있는 사람 중 자녀 출산으로 인하여 상근예비역으로 복무하기를 원하는 경우에는 대통령령으로 정하는 바에 따라 예비역에 편입할 수 있다. 〈신설 2011. 5. 24.〉

■ 병역법 시행령 제137조(현역병 등의 병역처분 변경) 제1항 제5호의2

> 5의2. 현역병(법 제24조 및 제25조에 따라 복무 중인 사람을 포함한다)으로 복무 중인 사람 중 자녀 출산으로 인하여 상근예비역으로 복무하기를 원하는 사람은 법 제21조제3항에 따라 병무청장이 정한 상근예비역 소집대상자 선발기준에 따라 예비역에 편입할 수 있다. 이 경우 상근예비역으로의 병역처분변경 절차는 국방부령으로 정한다.

■ 병역법 시행규칙 제98조의2(상근예비역 복무희망자의 병역처분변경)

제98조의2(상근예비역 복무희망자의 병역처분변경)

① 법 제65조제3항에 따라 상근예비역으로 복무하기를 원하는 사람은 별지 제117호의2서식의 상근예비역 복무 신청서에 가족관계기록사항에 관한 증명서와 자녀의 출생증명서를 첨부하여 각 군 참모총장에게 제출하여야 한다. 다만, 교정시설경비교도, 의무소방원 또는 전투경찰대원으로 전환복무된 사람은 법무부장관, 소방방재청장, 경찰청장 또는 해양경찰청장에게 제출하여야 한다.

② 법무부장관, 소방방재청장, 경찰청장 또는 해양경찰청장은 제1항 단서에 따라 상근예비역 복무 신청서 등을 제출받았으면 지체 없이 각 군 참모총장에게 전달하고 상근예비역 복무를 신청한 사람의 전환복무 해제를 요청하여야 한다.

③ 각 군 참모총장은 제1항 또는 제2항에 따른 상근예비역 복무 신청을 받은 경우 증명서류를 대조 · 확인한 후 법 제21조제3항에 따라 병무청장이 정한 상근예비역 소집 대상자 선발 기준에 따라 예비역에 편입한다.

④ 각 군 참모총장은 제3항에 따라 예비역으로 편입되는 사람에 대하여 거주지로부터 출퇴근 가능지역을 고려하여 소집부대를 지정한다.

[본조신설 2011. 11. 25.]

5. 현행 제도의 위헌성

병역의무자의 자녀양육권을 보장하기 위해 국가는 병역법을 개정하여 기혼자 유자녀 현역병(입영대상자)을 출 · 퇴근 복무를 하는 상근예비역으로 편입시키는 제도를 마련하였습니다. 그러나 건의자는 박사과정 입학 이상의 학력자이므로 상근예비역으로 편입신청조차 할 수 없으며, 거주지가 육군부대가 없는 제주도이므로 최기부대 전속은 불가능하기 때문에, 자녀양육에 대한 권리 및 의무의 본질적인 내용이 침해받고 있습니다.

특히 건의자의 기본권을 제한하는 근거인 '훈령' 은 행정기관 내부지침으로 원칙적으로 법규의 성질을 가지지 않으며, 관련 법률의 입법취지를 고려해 제정 · 시행하는 것이 옳습니다. 그러나 병무청 훈령 제961호 현역병 입영업무 규정 중 제43조 1항 3호의 단서조항은 '저출산에 대응하고, 기혼자 유자녀 병역의무자의 육아여건 보장' 을 위해 개정한 병역법의 입법취지에 비추어 볼 때, 다음과 같이 헌법에 따른 비례의 원칙과 평등의 원칙을 심각하게 위반하고 있습니다.

1) 비례의 원칙 위반

우리 헌법 제37조[16] 2항은 기본권 제한의 한계에 대한 일반적인 원리를 제시하고 있는데, 이러한 원칙을 '비례의 원칙' 또는 '과잉금지의 원칙' 이라 하며, 헌법재판소의 판례이론에 따르면 목적의 정당성, 방법의 적정성, 최소침해성, 법익의 균형성 등 4가지의 부분원칙으로 나눌 수 있습니다.[17] 한편 행정법상 비례의 원칙에도 적합성의 원칙(목적과 수단의 적합성), 필요성의 원칙(최소침해의 원칙), 상당성의 원칙(협의의 비례원

16) 제37조 ① 국민의 자유와 권리는 헌법에 열거되지 아니한 이유로 경시되지 아니한다.
② 국민의 모든 자유와 권리는 국가안전보장 · 질서유지 또는 공공복리를 위하여 필요한 경우에 한하여 법률로써 제한할 수 있으며, 제한하는 경우에도 자유와 권리의 본질적인 내용을 침해할 수 없다.

17) 법제처, 2006, 「법령입안 심사기준」, 7쪽~8쪽.

칙)이 있습니다.

(1) 목적의 정당성 원칙 위반

기본권은 국가안전보장, 질서유지, 혹은 공공복리라는 이 세 가지 목적을 위해서만 제한될 수 있습니다. 병역의무자의 자녀양육권을 제한하는 경우에도 그 목적이 헌법과 법률의 체계 내에서 정당성을 인정받을 수 있어야 합니다. 그런데 박사학위 과정 입학 이상의 학력을 지닌 병역의무자에 대해 상근예비역 편입을 제한하는 위 훈령의 단서조항은 국가안전보장, 질서유지, 혹은 공공복리라는 기본권 제한의 목적을 비춰볼 때 그 정당한 한계를 벗어난 것이라고 할 수 있습니다.

먼저 위 훈령의 단서조항을 통해 건의자의 자녀양육권을 전면 박탈하고 있지만, 이러한 국가의 행위는 국가안전보장과 질서유지와는 아무런 상관이 없습니다. 왜냐하면 병역의무자로서 건의자는 현역병 복무가 아닌 또 다른 병역의무 수행의 한 방법인 상근예비역 복무를 통해 국가의 안전보장과 질서유지에 기여할 수 있기 때문입니다.

또한 공공복리는 개인적 이익을 초월한 국가적 차원의 공익이 아닌, 개개인에게 공통된 이익을 말하는데, 자녀양육이야말로 공공복리 그 자체입니다. 때문에 본 훈령과 병역법 개정을 통해 자녀양육이라는 기본권 형성적 법률유보를 한 것입니다. 따라서 본 훈령의 단서조항을 통해 건의자의 자녀양육권을 진면 박탈하는 것은 기본권 제한의 목적에 전혀 부합하지 않습니다.

(2) 법률 유보의 원칙 위반

기본권은 "법률로써" 제한될 수 있습니다. 여기서 법률은 국회가 제정한 형식적 의미의 법률뿐 아니라, 법률과 동일한 효력을 갖는 조약 · 긴급명령과 같은 실질적 의미의 법률, 그리고 법률의 위임을 받은 명령(대통령령, 총리령 및 부령) 및 행정규칙, 지방의회의 조례가 포함됩니다. 또한 그 법률은 명확하고 일반적인 법률일 것을 요구받습니다.

그런데 자녀양육이라는 자유권적 기본권 및 사회권적 기본권은 병역법 및 시행령 등 법규가 아닌 행정내부지침인 '훈령'의 단서조항에 의해 제한받고 있기 때문에, '기본권은 법률로써 제한될 수 있다.' 라는 기본권 제한의 법률 유보 원칙을 위반하였다고 할 수 있습니다.

물론 행정규칙의 형식을 취하는 법규명령(법령보충적 행정규칙)에 대해 대법원과 헌법재판소는 법규로서의 효력을 인정하고 있습니다(대법원 1996. 4. 12. 95누7727 판결, 헌법재판소 2004. 10. 28. 99헌바91). 그러나 이러한 형식의 법규명령은 헌법이 명시적으로 열거하고 있는 형식이 아닐 뿐 아니라, 법제처의 사전 심사를 거치지 않으며, 「법령 등 공포에 관한 법률」에 의한 공포절차의 적용대상에서도 제외되어 있고,[18] 정부(법제처) 편찬의 법령집에도 수록되지 않는다는 점에서 원칙적으로 활용하지 말아야 할 것입니다. 따라서 법령을 제정 · 개정할 때 법규사항을 행정규칙에 위임하는 것은 의약품공전(「약사법」 제2조 제4항 제1호 및 제43조)과 같이 그 내용이 지나치게 전문적이거나 순전히 기술적인 사항으

18) 다만, 실제에 있어서는 이러한 행정규칙도 관보에는 게재함으로써 법령의 공포에 준하는 형식을 취하고 있다.

로서 수시로 개정할 필요가 있는 경우 등에 속하는 것이어서 총리령·부령으로 정하는 것조차 적절하지 않다고 인정되는 경우에 한하여 극히 예외적으로 허용되어야 할 것입니다.[19]

결국 박사학위 과정 입학 이상의 학력자에 대해 상근예비역 편입을 제한하는 본 훈령의 단서조항은 법제처의 '법령입안 심사기준'에 근거해서도 맞지 않기 때문에 법률유보 원칙을 위반하였습니다.

(3) 최소침해성 원칙 위반

본 훈령 단서조항으로 인해 박사학위과정 입학 이상자의 자녀양육에 대한 권리 및 의무를 보장하면서 국방의무까지 수행가능한 현실적인 제도인 상근예비역 편입을 가로막고 있는 것은 최소침해의 원칙을 위반하고 있습니다. 당사자의 권리나 자유를 가장 최소한으로 침해해야 하는 수단을 선택해야 한다는 최소침해성의 원칙에 비춰볼 때, 상근예비역은 앞서 제기한 3가지의 양육의무 중에서 경제적 활동은 불가하지만, 복무시간 이외에는 가정에서 아이의 정서적·사회적 발달을 위한 아버지의 역할뿐 아니라, 배우자와 가사노동까지 분담할 수 있기 때문에 상당할 정도로 국방의무와 양육의무의 조화를 이룰 수 있는 수단입니다.

그런데 기혼자 유자녀 현역병(입영대상자) 중 박사 학위과정 입학 이상자에 대해서만 상근예비역을 편입하지 못하도록 한 조항은 결국 제외대상자들을 현역으로만 복무케 하여 양육의무를 완전박탈하고 있기 때문에, 사회권적 기본권으로서의 양육권에 대한 국가의 최소보장원칙을

19) 법제처, 2006,「법령입안 심사기준」, 5쪽~6쪽.

위반하였으므로 헌법을 위반하고 있습니다.

(4) 법익의 균형성(협의의 비례 원칙) 위반

"법익의 균형성이라 함은 기본권의 제한이 위의 원칙에 적합한 경우에도 기본권이 의도하는 정치 · 경제 · 사회적 유용성과 그 제한에 의하여 야기되는 국민적 · 사회적 손실을 비교형량하여 양자 간에 합리적인 균형관계가 성립되어야 한다는 것을 말한다. 따라서 어떤 행위를 규제하고자 하는 경우에는 그 행위를 규제함으로써 초래되는 사적 불이익과 그 행위를 방치함으로써 초래되는 공적 불이익을 비교하여, 규제에 의해 보호하고자 하는 공익이 규제로 인해 침해되는 사익보다 크거나 적어도 양자 간에 균형이 유지되도록 하여야 한다(법제처, 2006: 8, 「법령입안 심사기준」)."

이러한 법익의 균형성의 관점에서 건의자의 상황과 관련된 공익과 사익을 검토합니다. 이 제도 단서조항의 적용 결과, 건의자의 학력으로 인해 침해받은 사적불이익을 따져보기 위해서는 "석사와 박사학위과정 입학자에 있어서 학력의 차이"와 "현역병 복무와 상근예비역 복무의 차이"라는 두 가지 사안을 비교해야 합니다.

먼저, 학력을 따져보면 박사학위 과정 입학 이상자일지라도 수료 후 학위논문을 통과해야만 '박사과정 졸업'이 되어 최종학력이 '박사'가 됩니다. 그리고 '박사학위 소지자는 해군 학사장교의 일반병과 지원 시 전공과목 시험을 면제(만점 처리)하는' 특전을 주기도 합니다. 그러나 박사학위과정 입학 이상자는, 설령 학위과정의 수업을 마무리한 수료자일지라도 학위취득 전까지는 최종학력이 '석사'입니다. 즉, 석사와 박사학위과정 입학 이상자의 실질적 차이는 전혀 없습니다.

다음으로 군 복무 형태에 있어서 현역병과 상근예비역 복무의 차이를 살펴봅니다. 현역병은 24시간 부대에서 숙식을 하면서 복무를 하고, 정해진 외출/외박 횟수를 제외하고는 자녀와 배우자를 만날 수 없습니다. 이에 비해 상근예비역은 주5일 근무하고, 출근 이전과 퇴근 이후 및 휴일에는 집에서 자녀와 만날 수 있습니다. 즉, 자녀양육활동과 관련하여 현역병과 상근예비역의 차이는 사실상 "하늘과 땅 차이" 입니다.

따라서 이러한 점을 고려해봤을 때, 건의자가 이 제도의 단서조항으로 인해 침해받는 사적 불이익은 이 제도의 단서조항이 입법목적과 취지에 비춰봤을 때 재량권의 과도한 일탈에 따른 심각한 상황이라 할 수 있습니다.

반면, 건의자를 상근예비역이 아닌 현역병으로 복무시켜서 보호하고자 하는 공익은 '국가안보' 입니다만, 건의자를 반드시 현역병으로 복무시켜야만 달성할 수 있는 공익이라고는 할 수 없습니다. 왜냐하면 '국가안보' 를 위한 병역의무의 수행방법에는 현역병에서부터 상근예비역, 사회복무요원 등 다양한 형태가 존재하고 있고, 이들 모두 '국가안보' 라는 공익을 위해 헌신하고 있기 때문에 누가 수행하는 군 복무 형태가 보다 '국가안보' 라는 공익에 크게 기여한다고 비교평가할 수 없습니다. 즉, 건의자를 현역병 복무가 아닌 상근예비역으로 편입시킨다 할지라도 '국가안보' 라는 공익에 가해지는 불이익은 크지 않다고 할 수 있습니다.

결국, 이 제도의 단서조항으로 인해 초래되는 건의자의 사적 불이익은 보호하고자 하는 공익에 비춰 매우 심각하므로, 법익의 균형성을 위반하고 있습니다.

2) 평등의 원칙 위반

(1) 심사기준

우리 헌법 제11조[20]는 법적용의 평등뿐만 아니라, 법 내용의 평등도 보장하고 있습니다. 실질적 의미에서 평등은 항상 절대적 평등이 아니라, 합리적인 근거나 정당한 이유에 따라 차별하는 것이 인정되는 상대적 평등입니다.

평등권 침해 여부를 심사함에 있어 엄격한 심사척도에 의할 것인지, 완화된 심사척도에 의할 것인지는 입법자에게 인정되는 입법형성권의 정도에 따라 달라지게 될 것입니다. 먼저 헌법에서 특별히 평등을 요구하고 있는 경우, 즉 헌법이 스스로 차별의 근거로 삼아서는 아니되는 기준을 제시하거나 차별을 특히 금지하고 있는 영역을 제시하고 있는 경우에 그러한 기준을 근거로 한 차별이나 그러한 영역에서의 차별에 대하여는 엄격한 심사척도가 적용될 수 있습니다. 다음으로 차별적 취급으로 인하여 관련 기본권에 대한 중대한 제한을 초래하게 된다면 입법형성권은 축소되어 보다 엄격한 심사척도가 적용되어야 할 것입니다(헌재 1999. 12. 23. 98헌마363, 판례집 11-2, 770, 787).

본 훈령규정은 박사과정 입학 이상자를 상근예비역 편입에서 제외함으로써 학력을 이유로 석사학위 졸업 이하자와 차별하고 있습니다. 이는 사회적 신분에 의한 차별에 해당하는바, 이러한 영역에서의 차별의 경우

---

20) 제11조 ① 모든 국민은 법 앞에 평등하다. 누구든지 성별 · 종교 또는 사회적 신분에 의하여 정치적 · 사회적 · 사회적 · 문화적 생활의 모든 영역에 있어서 차별을 받지 아니한다.

현재까지 판례에 의하면 합리성 기준에 의해 심사하고 있습니다.

이러한 합리성 기준 위반여부에 대한 판단(심사)은 ① 본질적으로 동일한 것을 달리 취급하고 있는가 혹은 본질적으로 다른 것을 동등하게 취급하는가 하는 차별취급의 확인, ② 이러한 차별취급이 자의적인가 하는 차별취급의 자의성 확인의 2단계로 이루어집니다. 여기서 자의적이라 함은 합리적인 이유가 결여되어 있음을 뜻하며, 합리적이라 함은 차별의 목적이 헌법에 합치하는 정당한 것이어야 하고, 차별의 기준이 목적의 실현을 위해 실질적인 관계에 있어야 하며, 차별의 정도 또한 적정한 것이어야 함을 뜻합니다.[21)]

(2) 차별과 배제되는 대상 사이의 본질적 차이에 대한 검토

매년 약 25만여 명에 달하는 현역병 입영대상자는 국방의무자입니다. 그러나 이들 중 양육의무를 수행해야 하는 자는 그렇지 아니한 자와 본질적으로 다른 사람입니다.

최근의 저출산 문제는 사실 사회양극화로 인해 고용기회가 부족해 청년실업이 늘어났고, 이로 인해 자녀양육을 위한 경제적 문제를 해결할 수 없어서 초혼 연령 및 초산 연령이 늦춰지고 있기 때문입니다. 즉, 미혼자 무자녀 국방의무자와 기혼자 유자녀 국방의무자는 양육의무의 유무에 따라 본질적으로 전혀 다른 존재들이며, 양육의무가 있는 자에 대해서는 국방의무를 수행하는 방법을 달리 부여해야 합니다. 때문에 2007년부터 국방부와 병무청이 기혼자 유자녀 현역병(입영대상자)에 대해서 육아여건 보

---

21) 법제처, 2006,「법령입안 심사기준」, 8쪽~9쪽.

장을 위해 상근예비역 편입제도를 신설 · 개정 · 운영하고 있는 것입니다.

그런데 똑같은 기혼자 유자녀 현역병(입영대상자) 중에서 박사 학위과정 입학 이상자를 제외한 조항은 기혼자 유자녀로서 양육의무를 수행해야 하는 국방의무자라는 본질적으로 같은 조건을 달리 취급하고 있는 문제를 발생시키고 있습니다.

(3) 석사학위 이하 유자녀 기혼자 현역병(입영대상자)과의 자의적 차별

㈎ 차별의 발생

본 훈령에 의하여 상급예비역 편입대상에서 배제된 박사과정 입학 이상의 기혼자 유자녀 현역입영자의 경우도 모두 현역 군인으로서 본 훈련 규정이 포함된 병역법 및 군인사법 등의 적용대상이 될 뿐만 아니라, 영유아 자녀를 두고 있는 경우 그 양육을 위하여 상근예비역 편입을 신청할 필요가 있다는 점에서 동일한 지위에 있으므로, 석사학위 이하 기혼자 유자녀 현역병(입영대상자)과의 사이에 본 훈령의 단서조항으로 인한 차별이 발생합니다.

㈏ 차별의 비합리성

기혼자 유자녀 현역병(입영대상자) 중 박사 학위과정 입학 이상자를 상근예비역으로 편입제한하는 본 훈령의 단서조항은 아래와 같이 전혀 합리적인 근거가 없는 '자의적' 인 결정입니다.

① 차별의 목적이 합리적이지 않습니다. 국방부와 병무청은 "고학력자

의 병역이행과 관련한 특혜시비를 차단하려는 정서를 고려하여" 기혼자 유자녀 현역병 입영대상자 중 박사 학위과정 입학 이상자를 상근예비역 편입대상자에서 제외시키는 조항을 유지하고 있습니다. 그런데 기혼자 유자녀에 대한 상근예비역 편입제도는 우리 헌법 제36조에서 도출된 양육권을 보장하기 위한 것이므로, 특혜시비 차단 정서가 개입되어서는 아니 되며, 단순히 근거 없는 국민 정서만을 이유로 차별을 하는 것은 헌법에 합치하는 정당한 것이 아닙니다.

② 차별의 기준이 합리적이지 않습니다. 석사까지는 상근예비역 편입이 가능하고, 박사학위 입학 이상자는 불가능한 이유에 대해 병무청은 "일반 병역의무자와 달리 상대석으로 높은 28세까지 입영연기를 보장받고 있기" 때문이라고 밝혔습니다.[22] 그런데 이는 당연히 박사과정이 석사나 학사보다 더 많은 학업기간이 필요하기 때문이며, 그것도 석사보다 겨우 2년 더 입영연기가 가능한 것에 불과하기 때문에, '상대적으로 높은 입영연기기간' 은 특혜라기보다는 헌법 제31조에 따라 "능력에 따라 균등하게" 교육받을 권리를 보장하기 위한 당연한 수단입니다. 따라서 이것을 차별의 기준으로 적용하면 안 됩니다.

더욱이 그동안 제도를 운용하면서 밝혀졌듯이 실제 석사과정 학력자의 상근예비역편입은 매년 20~30명 정도에 불과하며, 실제 박사 학위과

22) 병무청 입영동원국 현역입영과, 민원답변내용, 신청번호: 1AA-1109-089963.

23) 정보(부분공개)결정통지서, 접수번호 1470548, 병무청 현역입영과-4021(2011.10.18.). 병무청과 국방부를 포함해 교육과학기술부 및 전국 각 국공립대학에 정보공개청구를 한 결과에 따르면, 박사학위과정 대학원생의 기혼 여부는 기 기관에서 수집 · 관리하지 않는 자료이므로 알려줄 내용이 없다고 회신함.

정 입학자 중 기혼자 유자녀 현역병입영대상자가 얼마나 되는지 관계당국에서 조사한 자료도 없습니다.[23)]

실제 병무청 정보공개청구결과 지난 5년간 약 2,800명이 상근예비역으로 편입되는 동안 박사학위과정 입학 이상자의 상근예비역 편입 신청 회송 건수는 불과 3명입니다.

③ 차별의 정도가 매우 지나칩니다. 상근예비역은 복무시간 이외 출근 전 및 퇴근 후 자녀의 정서적 · 사회적 발달을 위한 아버지의 역할 및 배우자와 가사노동 분담이라는 양육의무를 국방의무와 병행하면서 수행할 수 있지만, 현역병으로 복무하면 전혀 그러한 양육의무를 수행하지 못합니다. 예를 들어, 아이가 밤에 아프면 상근예비역 복무자는 옆에 있어줄 수 있지만, 현역병 복무자는 아이가 아프다는 사실조차 알기가 어려우며, 설령 안다 할지라도 멀리 떨어져있기 때문에 할 수 있는 방법은 전혀 없습니다. 따라서 이러한 차별의 정도는 적정한 것이라고 볼 수 없습니다.

(4) 소결

이상과 같은 이유로 '유자녀 기혼자 현역병(입영대상자)에 대한 상근예비역편입제도' 의 박사 학위과정 입학 이상자를 편입 제외하는 단서조항은 사회권적 기본권으로서의 양육권에 대한 국가의 최소보장원칙을 위반하였고, 본질적으로 동일한 것을 달리 취급하고 있으며, 자의적으로 기준을 세운 것이기 때문에 '평등의 원칙' 을 정면으로 위반하고 있습니다.

6. 불합리한 제도 개선을 위한 시민의 진정과 국가의 회피

2007년 10월 기혼자 유자녀 현역병입영대상자의 상근예비역 편입제도가 신설되고, 2008년 1월부터 시행된 이후 지난 5년간 저는 이 제도의 불합리하고 위헌적인 단서조항의 시정을 위해 병무청, 국가인권위원회, 국방부, 국민권익위원회, 보건복지부 등에 여러 차례 합리적인 민원을 제기하였습니다. 그러나 그때마다 모든 기관은 각자의 소관이 아니라거나, '신성한 병역의무'를 핑계로 비논리적이고, 무책임하며, 납득할 수 없는 이유를 대며 무시해왔습니다.

다음은 지난 5년간 제기했던 민원의 내용과 관계당국의 답변에 대해 정리하고, 그 문제점을 짚어보겠습니다.

〈진행 경과〉

- 2007년 10월, 병무청, 현역병 입영대상자 중 유자녀 기혼자 상근예비역 편입제도 신설
- 2008년 1월, 유자녀 기혼자의 상근예비역 편입제도 시행
- 2008년 4월 11일, 병무청 홈페이지 '청장에게 바란다' 통해 1차 문제제기
- 2008년 4월 16일, 병무청 답변
- 2008년 5월, 병무청 홈페이지 '청장에게 바란다' 통해 1차 답변에 대한 2차 문제제기 및 답변회신
- 2009년 3월, 국가인권위원회에 진정(진정번호 09진차244)
- 2009년 9월, 국가인권위원회 진정 기각결정
- 2009년 10월, 국가인권위 기각결정에 대한 정보공개 청구 및 자료 회신
- 2010년 8월, 국무회의 통해 기혼자 유자녀 상근예비역 편입제도의 법제화 결정

- ○ 2010년 9월, 국민권익위원회를 통해 국방부에 고충신고(신청번호 1AA-1009-029693)
- ○ 2011년 4월 29일, 상근예비역 편입 관련 병역법 개정법률 국회 본회의 통과
- ○ 2011년 5월 24일, 병역법 개정법률 대통령 공포
- ○ 2011년 8월 12일, 병역법 개정법률에 따른 시행령 및 시행규칙 입법예고(병무청)
- ○ 2011년 8월 29일, 병역법 시행령 개정안에 대한 의견서 제출
- ○ 2011년 9월 26일, 의견서에 대한 회신(규제개혁법무담당관-3509, 2011. 09. 26. 시행). 기존입장고수방침(병무청).
- ○ 2011년 9월 28일, 검토결과에 대한 민원을 병무청 홈페이지 '청장에게 바란다' 에 민원(신청번호 1AA-1109-089963)
- ○ 2011년 10월 6일, 국방부/병무청/교육과학기술부/각 국공립대학교 대학원에 정보공개청구
- ○ 2011년 11월 23일, 병역법 개정법률 시행령 공포
- ○ 2012년 12월 3일, 국민신문고 통한 정책제안(불채택)
- ○ 2012년 12월, 헌법재판소 헌법소원(각하)
- ○ 2012년 1월, 18대 대통령직인수위원회 국민행복제안센터 건의

1) 2008년 병무청 민원

2008년 4월 11일, 병무청 홈페이지 '청장에게 바란다' 코너를 통해 처음으로 이 제도 단서조항의 불합리성에 대해 민원을 제기하였습니다. 이에 대해 병무청은 4월 16일 "자녀가 있는 기혼자를 상근예비역으로 선발하는 취지는 기혼자의 경우 현역병 복무자의 99%가 20~24세로 경제적 사회적 기반이 미약한 상태에서 자녀를 출산하고 입영하는 병사의 복무

부담을 완화하고자 하는 데 있으며 사회 통념상 우리나라 최고학부의 과정인 박사과정 재학생을 28세까지 재학사유 입영연기의 혜택을 주고 또 상근예비역으로 선발할 수 없음을 양해하여 주시기 바라며, 또한 석사학위 이상자는 전문연구요원 및 각종 장교복무 등 다양한 방법의 병역의무 이행 제도를 열어놓고 있습니다."라고 답변했습니다.

이에 대해 저는 4월 29일, 다시 병무청 홈페이지를 통해 ① 입영연기는 혜택이 아니라 교육받을 권리이고, ② 사회통념상 모든 박사가 다 똑같지 않고, 외국대박사, 서울대박사, 지방대박사로 나뉘는 등 학벌을 고려치 아니했으며, ③ 전문연구요원의 경우 지방대 사회학과 대학원생은 이용 가능한 방법이 없다고 병무청의 답변에 대해 반박했습니다.

5월 2일, 병무청은 반박민원에 대해 ① 입영연기를 혜택이라 표현한 것은 부적절하다고 했고, ② 전문연구요원 및 장교 등에 대한 것은 '박사과정생은 타 학력자에 비하여 상대적으로 병역이행형태의 폭이 넓은 사실을 안내드린 것' 이라고 해명을 하였습니다.

결국 병무청은 이런 해명으로 그쳤을 뿐, 근본적인 문제점에 대한 해결을 미뤄버렸습니다.

2) 2009년 국가인권위원회 진정

2009년 3월, 당시 제주대학교 법학전문대학원 교수였던 하승수 변호사의 자문을 얻어 이 제도의 불합리한 단서조항은 '고학력자 역차별' 이라는 취지로 국가인권위원회에 진정을 했습니다(진정번호 09진차0000244). 특히 상근예비역 선발순위 결정은 병무청 내부에서 판단할 사항이지만,

고학력이라는 이유로 그것에 편입신청조차 할 수 없는 것에 문제제기를 했습니다.

이에 대해 국가인권위는 6개월이 지나서 단 한 차례의 전화조사를 했으며, 9월 30일 열린 '제13차 차별시정위원회' 에서 심의한 결과 이 조항이 '현저히 불합리한 차별행위' 라고 보기는 어렵다고 판단하여, '기각' 결정을 내렸습니다. 왜 기각인지 알려주지도 않아 인권위에 정보공개청구를 하여 10월 20일 관련 자료를 받아보았는데, 인권위는 인권보다 국가안보를 더 중요시 여기는 병무청의 주장을 그대로 받아들였던 것입니다.

병무청은 ① 박사과정 이상 학력자는 장교, 전문연구요원 등으로의 복무 기회가 넓고, ② 결혼 적령기에 도달한 고학력자가 제도를 악용하여 병역감면을 도모할 수 있는 데 대한 사회적 특혜 논란의 소지가 큰 점, ③ 상근예비역은 원칙적으로 학력이나 신체등위가 낮은 순으로 선발한다는 점, ④ 자녀를 둔 기혼자가 현역으로 복무할 경우, 본인이 희망할 경우 거주지가 가까운 지역으로 배치하고, 자녀의 출산 · 백일 · 돌 등 사유에 대한 휴가나 외박 · 외출 · 면회 기회를 확대 보장하는 등 적극적으로 배려하고 있다고 주장했습니다.

그리고 국가인권위는 이러한 병무청의 주장을 받아들여 ① 상대적으로 학력이 낮은 자와의 형평성 문제가 발생할 수 있고, ② 전반적인 병역정책의 기조 상 학력이 높은 자에게 현역 복무를 우선토록 한 점, ③ 자녀 있는 현역복무자라도 근무지 배치, 휴가 사용 등에서 감안이 되는 점에 비춰 박사과정 이상 고학력자를 상근예비역 선발에서 배제한 것이 '현저히 불합리한 차별 행위' 라고 보기는 어렵다고 했습니다.

위와 같이 국가인권위가 병무청의 입장을 고스란히 대변하는 모습을 보면서, 한국은 아직도 병영사회라는 것을 체감하게 됩니다. 특히 이러한 주장들은 현재의 상황에 비추어 볼 때 타당한 면이 매우 부족하고, 국가안보의 논리가 인권보다 위에 서 있다는 인상을 지울 수 없습니다. 더욱이 이미 내려진 결정에 대해 재심도 할 수 없는 서글픈 현실입니다. 결국 병무청은 고학력을 이유로 기혼자에 대한 역차별을 2년째 시행하고 있고, 인권위는 이를 승인해줬습니다.

3) 2010년 국민권익위원회를 통한 국방부 고충신고

2010년 8월, 이명박 정부는 국무회의를 통해 병역법을 개정하기로 의결하였습니다. 기혼자 유자녀 현역병 입영대상자는 상근예비역으로 편입할 수 있지만, 그와 같은 조건인 현역병은 그렇게 할 수 없는 불평등 때문에 법률개정을 통해 입영 이후라도 원한다면 상근예비역으로 편입할 수 있도록 한 것입니다.

그동안 병무청이나 국가인권위에서도 제 주장을 제대로 받아들여주지 않아서, 2010년 9월 10일, 국민권익위원회를 통해 국방부에 고충신고를 하였습니다(신청번호 1AA-1009-029693). 이에 대해 9월 27일, 국방부는 "귀하께서 의견 주신 대로 '유자녀 현역병 상근예비역 편입' 은 군복무자의 육아 여건을 보장하기 위한 것이므로, 병역이행의 공정성과 형평성을 해치지 않는 범위 내에서 최대한 인정되어야 할 것입니다. 관련 법률 개정에 따라 구체적인 시행 방안을 마련하는 과정에서 박사과정 재학생 등의 편입자격 등을 포함, 전반적으로 충분히 검토하여 합리적인 제도운영이 되도록 하겠습니다."라고 긍정적인 답변을 줬습니다. 당시 이 내용에 대하여 국방부 관계자와의 전화통화를 했는데 담당자 또한 병무청의 논리가 미흡하다고 인정하였습니다.

4) 2011년 병역법 시행령 개정안 의견서 제출

2010년 8월 국무회의 의결대로 병역법 개정이 추진되어, 2011년 4월 29일 유자녀 현역병의 상근예비역 편입 관련 병역법 개정법률이 국회 본회의를 통과했고, 5월 24일 대통령이 공포하였습니다. 이에 따라 8월 12일 병무청에서는 개정법률에 따른 시행령 및 시행규칙을 입법예고하였습니다.

그런데 개정안에 따르면 기혼자 유자녀 현역병의 상근예비역 선발기준은 기존 병무청장의 기준을 준용하는 것으로 되어 있습니다. 즉, 박사학위 과정 입학 이상자는 현역병 복무 중에 상근예비역 편입을 할 수 없는 것입니다. 때문에 이 조항을 삭제해야 한다는 의견을 입법예고 기간인 8월 29일 제출하였습니다.

이에 대해 9월 26일 병무청은 검토결과 회신(규제개혁법무담당관-3509, 2011.09.26. 시행)을 통해 "병역의무는 국가 존립 및 국가안전보장의 전제조건이 되는 중요한 국민의 의무임. 「병역법」에 규정된 다양한 군복무 형태는 군에서 필요로 하는 우수 인력충원 또는 공익목적 수행을 위한 대체복무 인력충원을 위해 파생된 제도이지 개인의 선호를 고려한 것은 아니며, 입영後 상근예비역으로 편입 가능한 유자녀 현역병의 범위는 「병역법 시행령」 개정안 제137조제1항제6호를 신설하여 규정하고자 하며, 입영前 상근예비역으로 선발된 자와의 형평성 유지 차원에서 동일한 기준을 적용하는 것이 바람직하고, 입영前 유자녀 기혼자의 상근예비역 편입제한 취지 등을 고려할 때 현행처럼 편입제한을 유지하는 것이 타당하다고 사료됩니다."라고 답변하였습니다.

결국 병무청과 국방부는 제 의견을 받아들이지 않았고 기존 입장을 고수했습니다. 그리고 개정된 시행령은 11월 23일 공포되었습니다. 특히 개정령을 공포하는 주문서의 참고사항에 "입법예고(2011. 8. 12.~9. 1.) 결과, 특기할 사항 없음"이라고 하여 제 의견을 완벽히 무시하는 처사를 보였습니다.

5) 입법예고 의견서 회신에 대한 병무청 민원

병역법 개정안 의견서에 대한 병무청의 회신내용이 제 의견에 대한 적절한 답변 없이 병무청만의 주장을 되풀이하고 있었기 때문에, 2011년 9월 28일 병무청 홈페이지 '청장에게 바란다' 코너를 통해 회신내용에 대한 민원을 제기했습니다(신청번호 1AA-1109-089963).

먼저 제가 입법예고 의견서에서 주장한 1) 육아여건 보장 및 병역의무 의무자 간 형평성 보장, 2) 아동의 사회 · 정서적 발달과 관련하여 아버지의 역할, 3) 가장의 군복무로 인해 가정생계 파탄의 문제, 4) 고학력 실업자의 증가로 인해 고학력에 대한 사회적 지위 및 가치의 하락, 5) 인문 · 사회계열 박사학위과정 이상 입학자와 이공계열 대학원생들 및 의 · 치 · 수의 · 한의예과 졸업자 사이에 군복무 방법 및 군 전역 후 사회생활에서의 중대한 차이 등에 대한 적절한 답변을 제대로 해줄 것을 요구하였습니다. 또한 6) 유자녀 기혼자 현역병 입영대상자를 상근예비역으로 편입하는 것에 대해 '특혜' 라고 생각하고 있는지 여부, 7) 도대체 무슨 근거로 이렇게 고학력자에 대한 기준을 박사학위 과정 입학자로 규정했는지에 대해 추가 질의하였습니다.

이에 대해 병무청은 10월 4일, 의견서 내용에 대해서는 "병역제도는 개인의 선호에 의해 결정되지 않고 우수인력 충원 또는 공익목적 수행 등을 위한 통일된 기준에 따라 병역정책적 측면에서 결정하고 있음" 이라는 한 마디로 5가지 사항에 구체적 해명을 얼렁뚱땅 회피하였습니다. 더욱이 병무청은 박사학위 과정 입학 이상자의 상근예비역 편입제한은 국가인권위원회에서 학력차별이 아니라고 결정('09. 10. 1.)했음을 강조하면서 답변을 마무리했습니다. 그런데 앞서 서술하였듯이 국가인권위원회의 결정은 인권보다 국가안보를 우선하여 병무청의 논리를 그대로 용인하는 것이었기 때문에, 병무청에서 인권위의 결정을 논거로 제시하는 것은 '논리 세탁' 에 지나지 않습니다.

하도 답답하고 화가 나서 병무청에 전화를 걸어 따져보고, 욕도 했지만 결국 '까라면 까라.' 라는 듯한 고압적인 병무청의 답변을 끝으로 지난 5년간 5번에 걸친 제도개선요청을 마무리하였고, 더는 아래로부터의 민원 제기를 하지 않기로 하였습니다.

7. 국가의 부적절 · 무책임 · 비논리 · 비사실 대응논리 비판

지난 5년간 수차례 국가에 민원과 진정을 했지만 돌아오는 답변은 언제나 똑같았고, 아직도 변한 것은 없습니다. 그래서 다시 한 번 그동안 정부의 답변과 태도에 무엇이 문제가 있는지 다음과 같이 정리해봅니다.

1) 입영연기는 혜택 또는 개인의 선택?

정부는 “박사과정에 재학 중인 사람은 28세까지 재학생입영연기 혜택을 주고 있다.”[24] 또 “진정인의 경우 본인의 선택에 의하여 병역이행을 연기한 것이어서 향후 병역 이행에 대한 부담을 감수해야 할 측면이 있고”[25]라면서 입영연기의 원인과 결과는 모두 개인의 책임으로 돌리고 있습니다.

그러나 재학생 입영연기는 헌법 제31조[26]에 따른 교육받을 권리를 보장하기 위한 수단이므로, “혜택” 또는 “개인의 선택”이라고 표현해서는 안 됩니다. 또 병무청에서는 ‘혜택’이라는 표현에 대해서는 ‘부적절하였다.’라며 사과한 적이 있습니다.[27]

2) 고학력자의 다양한 병무이행?

정부는 “석사학위 이상자는 전문연구요원 및 각종 장교복무 등 다양한 방법의 병역의무 이행 제도를 열어놓고 있습니다.”[28] 또 “의과대학 졸업(예정)자와 박사과정 이상 학력자는 장교, 전문연구요원 등으로의 복무

---

24) 2008년 4월 16일, 병무청 답변.
25) 2009년 10월 20일, 인권위 기각결정 내용.
26) 헌법 31조 ① 모든 국민은 능력에 따라 균등하게 교육을 받을 권리를 가진다.
27) 2008년 5월 2일, 병무청 답변.
28) 2008년 4월 16일, 병무청 답변.

기회가 넓고"[29]라면서, 고학력자는 병역이행방법이 다양하다고 답변하였습니다.

그러나 이러한 답변은 현행 군 복무제도의 세부사항을 제대로 고려치 않은 고학력자 전부에 대한 일방적이고 광범위한 사항일 뿐입니다. 먼저 장교 복무의 경우, 학사학위만 있으면 누구나 신청이 가능하고, 심지어는 전문대학만 졸업해도 육군에서 상병 이상 복무하면 '간부사관' 지원이 가능합니다. 따라서 박사과정 입학 이상 고학력자에게 장교 복무는 하나의 기회일 뿐이지 그들만을 위한 특별한 혜택이 될 수 없습니다.

다음으로 기혼자 유자녀 현역병(입영대상자)의 상근예비역 편입대상에서 제외되는 자는 박사과정 입학 이상자뿐 아니라, 의 · 치의 · 수의 · 한의예과 졸업(예정)자들입니다. 그런데 이들은 현역병 말고도 의무 · 수의사관, 공중보건의, 국제협력의, 징병전담의 등 다양한 방법을 통해 군 복무가 가능합니다.

또한 박사학위 과정 입학자들도 이공계의 경우는 전문연구요원 제도 등을 통해 그들의 적성과 전공학문분야를 유지하면서 대체복무가 가능합니다. 특히 이들은 군복무 기간에는 일반 사병보다 많은 급여를 통해, 그리고 군 전역 후에는 전문가로 사회에서의 삶을 꾸려나가면서 그에 맞는 고소득 활동도 가능하기 때문에, 군복무 자체가 가정의 생계활동을 크게 위협하지 않는다고도 할 수 있습니다.

그러나 단순 인문사회계 박사학위 과정 입학자의 경우, 연간 수백 명에 달하는 이공계 학생들이 전문연구요원 편입이 가능한 데 비해, 인문사회

---

29) 2009년 10월 20일, 인권위 기각결정 내용.

계는 5명에 불과하며[30], 이마저도 공익근무요원 소집대상자(징병검사 결과 신체등위 4급)로 제한되기 때문에, 현역병 입영 이외에는 다른 군복무 방법이 전혀 없으므로 전공학문의 지적인 유지조차 매우 힘듭니다.

3) 현역병에 대한 육아 활동 배려?

정부는 "각 군에서는 현역으로 복무하는 1인 이상의 자녀를 둔 기혼병사에 대하여는 본인이 희망할 경우 부대별 인력 운영 여건을 고려하여 거주지 최기부대로 전속 복무토록 하며, 자녀출산, 백일, 돌 등의 사유로 휴가를 신청할 경우 부대임무를 수행함에 있어서 긴급한 경우를 제외하고는 규정된 휴가를 보장토록 되어 있음을 알려드립니다."[31] 또 "자녀가 있는 자가 현역으로 복무하더라도 근무지 배치, 휴가사용 등에서 감안이 되는 점"[32]이 있다면서 현역병에 대한 육아 활동을 배려한다고 했습니다.

그러나 아무리 거주지 최기부대 전속복무, 휴가 사용 보장 등을 배려한다 할지라도, 출퇴근 복무하는 상근예비역과는 육아시간에서 엄청난 차이가 있으므로, 헌법에 따른 '평등의 원칙'을 심각하게 위반하고 있을 뿐입니다. 특히 저는 만 29세로 육군으로만 복무가 가능하지만, 제 거주지인 제주도에는 육군부대가 없으므로, 제주도 내 위치한 거주지 최기 부대

30) 고려대 언어정보연구소 2명, 연세대 사회과학연구소 2명, 한국지방행정연구원 1명 등 총 5명이며, 공익근무요원소집대상자만 전문연구요원으로 편입가능함.(정보[공개]결정통지서, 접수번호: 1885769, 접수일자: 2012. 11. 20, 병무청 병역자원과-5286호(2012. 11. 30.))

31) 2008년 4월 16일, 병무청 답변.

32) 2009년 10월 20일, 인권위 기각결정 내용.

전속은 불가능한 상황입니다.

4) 제도의 악용?

정부는 "결혼 적령기에 도달한 고학력자가 제도를 악용하여 병역감면을 도모할 수 있는 데 대한 사회적 특혜 논란의 소지가 큰 점. 박사과정 이상 학력자의 연령이 통상 만 25세 이상으로 일반적인 혼인 연령대에 근접하게 되므로 혼인과 출산을 통해 상근예비역으로 선발될 소지가 커짐으로써 상대적으로 학력이 낮은 자와의 형평성 문제가 발생할 수 있음"[33] 이라면서 제도의 악용가능성을 문제 삼고 있습니다.

그러나 이러한 제도의 악용가능성은 전혀 없다고 보는 것이 타당합니다. '유자녀 기혼자 현역병(입영대상자)의 상근 예비역 편입제도는 병역감면(=병역면제)이 아니라, 다양한 병역이행방법 중에서 양육의무 및 권리를 조화롭게 보장할 수 있는 방법입니다.

정부는 병역의무자가 이 제도를 악용하여 혼인 후 출산을 통해 현역병보다 복무부담이 적은 상근예비역으로 편입하고자 하는 고학력자가 많아질 수도 있다는 우려를 하고 있지만, 정부가 이 제도를 도입한 취지는 '저출산 대책' 이므로 오히려 이 제도를 통해 출산율을 증가시킬 수 있다면 그것은 제도의 악용이 아니라, 제도를 도입한 취지에 맞는 긍정적 효과라고 봐야 합니다. 그리고 이 제도를 도입한 이후 5년간 출산율이 눈에 띌 정도로 증가하지는 않았으므로 오히려 제도의 악용을 우려하는 정부

33) 2009년 10월 20일, 인권위 기각결정 내용.

의 선입견은 매주 잘못되었습니다.

특히 통계청 사회조사결과에 따라, 2009년 기준 대졸 이상 학력의 우리나라 남성 평균 초산 연령은 만 30세이며,[34] 초혼연령은 2011년 현재 31.9세(여성은 29.1세)이므로[35] 현행 박사 과정 입학 이상자의 입영연기 가능 기간인 만 28세보다 2년이 더 많습니다. 따라서 실제로도 입영연기 기간 내로 혼인해서 출산을 하는 자는 많지 않다는 것이 통계조사 결과입니다.

이렇게 제도도 제대로 시행해 보지 않고 제도악용부터 꺼내는 병무청의 기본자세는 문제가 큽니다. 이는 모든 병역대상자를 일단 병역을 기피할 수도 있는 잠재적 범죄자로 보는 시각에서 나온 것입니다. 기존 제도를 악용한 기피자도 제대로 단속하지 못하면서 새로운 제도를 도입하는데 그러한 시각을 연장시키는 병무청의 반인권적 태도부터 반성해야 할 일입니다.

5) 상근예비역 제도의 원칙?

정부는 "상근예비역은 원칙적으로 학력이나 신체등위가 낮은 순으로 선발한다는 점 등을 고려하여 자녀가 있는 기혼자라도 고학력자에 대해서는 상근예비역 선발대상에서 제외[36]" 한다고 밝혔습니다.

그러나 이러한 원칙을 적용한다면 기혼자 유자녀 현역병(입영예정자)

---

34) 『2010 한국의 사회지표』(2. 가구와 가족 / 2-14. 특성별 첫 자녀 출산연령), 자료: 한국보건사회연구원, 「전국 출산력 및 가족보건 · 복지실태조사」, 각년도.

35) 통계청, 「인구동태통계연보(혼인 · 이혼편)」, 2011.

36) 2009년 10월 20일, 인권위 기각결정 내용.

에 대해서는 자녀 양육권 보장을 위해 상근예비역 편입이 아닌 별도의 제도를 만들어야 하지만, 정부에서 그렇게 하지 않고 행정편의주의 식으로 기존 제도를 이용하고 있는 것입니다.

특히 상근예비역 편입순서에 따르면 기혼자 유자녀 현역병 입영대상자는 1순위입니다. 그렇다면 학력과는 상관없이 유자녀 조건을 우선한다는 방침이 이미 결정되었는데도 불구하고, 이보다 하위조건인 학력을 핑계로 삼는 것은 잘못된 태도입니다.

따라서 정부는 헌법에서 보장한 '자녀양육의무 및 권리' 를 제대로 보장할 육아수당 지급, 출/퇴근 복무제도를 시급히 도입해야 합니다.

6) 박사에 대한 사회통념?

정부는 "사회 통념상 우리나라 최고학부의 과정인 박사과정 재학생"[37]은 고학력자이므로 병역의무 수행을 더 철저히 해야 한다고 주장합니다.

그러나 정부는 고학력 실업자의 증가로 인해 고학력에 대한 사회적 지위 및 가치가 하락하는 현재의 사회상을 제대로 보지 못하고, 옛 시절만을 떠올려서 제도를 만든 시대착오적인 불리한 단서조항 유지를 강행하고 있습니다. 사실 '고학력자' 라는 이유로 병역이행 수행을 더 철저히 해야 한다는 주장은 우리 헌법 제11조 1항에서 금지한 '사회적 신분에 의한 차별' 이라고 볼 수 있는 개연성이 매우 높습니다.

더욱이 단순 인문사회계 박사학위 과정 입학자의 경우, 현역병 입영 이

37) 2008년 4월 16일, 병무청 답변.

외에는 다른 군복무 방법이 전혀 없기 때문에, 전공학문의 지적인 유지조차 매우 힘듭니다. 군 전역 이후에도 이렇다 할 생계활동을 곧바로 얻을 수 있는 것도 아닙니다. 최근에는 고학력 실업자가 급증하고 있기 때문에 박사학위 과정에 입학했다 할지라도, 혹은 설령 박사학위를 취득했다 할지라도 사회적인 대우가 학력만큼 보장되는 것도 아닙니다. 전임교원 이상의 대학교수가 아니라면 시간강사에 불과할 것이고, 그나마 시간강사 자리라도 있다면 용돈벌이라도 할 수 있어서 다행이라고 해야 합니다. 시간강의도 못하는 박사과정생도 많으며, 저 또한 여기에 속합니다. 그렇기 때문에 군 복무를 할 수 있는 방법과 군복무 중 전공학문과의 부합여부, 그리고 군 전역 이후 사회생활에서 질적으로 차이가 나는 병역의무자를 한 뭉텅이로 묶어서 똑같이 취급해서는 곤란합니다.

8. 요약 및 결론

노무현 정부는 기혼자 유자녀 현역병 입영대상자의 자녀 양육 활동을 보장하기 위해 출퇴근 복무를 하는 상근예비역 편입제도를 마련하였습니다. 이명박 정부 들어 본격적으로 시행된 이 제도는 입영대상자와 현역병 사이의 형평성 제고를 위해 입영 후에 출산한 현역병도 복무 중에 상근예비역으로 편입할 수 있도록 병역법을 개정하였습니다. 그리고 매년 400~600명의 병역의무자가 상근예비역 편입을 통해 출퇴근을 하면서 자녀 양육활동과 국방의무를 병행하고 있습니다.

그러나 이 제도는 일부 고학력자에 대한 편입단서조항이 있기 때문에,

모든 기혼자 유자녀 현역병(입영대상자)에 대해 포괄할 수 없고, 자녀양육을 위해 필요한 경제적 지원은 포함되지 않았기 때문에, 현실적으로 자녀양육을 위해 개선할 점이 많은 제도입니다. 대한민국의 신체 건강한 남성국민이 국방의무를 가지는 것은 헌법에 따른 것입니다. 한편 헌법은 자녀양육의무 및 권리 또한 보장하고 있습니다. 따라서 헌법에 따른 국방의무와 양육의무를 동시에 충족하기 위한 관련 제도의 도입 및 시행이 시급히 필요합니다.

이와 관련하여 저는 이상과 같이 지난 5년간 정부에 병역의무자의 자녀양육의무 및 권리를 보장해주도록 요청했지만, 정부의 답변은 부당하고 비합리적일 뿐이었습니다. 따라서 정부는 지금이라도 과거의 잘못된 행위에 사과를 하고, 즉각 모든 기혼자 유자녀 현역병(입영대상자)에게 동일한 제도를 적용할 것과 함께 매월 일정액의 자녀수당[38]도 지급할 것을 요구합니다.

2012. 12. 03./2013. 01. 10.
현역병 별도 입영 관리대상자 및
제주특별자치도 제주시 화북동 16통 민방위대원(2년차)
김동주(2013년 3월 31일까지 양육사유로 입영기일연기 중)

이 글은 2012년 12월 작성하여, 새누리당 박근혜 대통령 후보 선거대책위원회 홈페이지, 국민신문고(epeople.go.kr)를 통해 정책제안을 했으나 불채택되었다. 또 헌법재판소에 헌법소원을 하였으나 관련법률에 따라 청구기간 만료로 각하되었다. 이후 2013년 1월 10일 '제18대 대통령직인수위원회' 국민행복제안센터에 제안했다.

---

38) 현재 근로자의 최소 육아휴직급여금액인 매월 50만 원씩 지급한다고 해도, 기혼자 유자녀 현역병은 연간 약 1,000명 이내이므로 지출되는 예산의 최대치는 60억 원이며(50만 원 × 12개월 × 1,000명 = 6,000,000,000원), 2013년도 우리나라 국방예산 34조 6천억 원의 약 0.018%에 불과합니다.

제주 해군기지 건설 저항과 사회의 생태적 전환

김동주[1)]

Ⅰ. 서론

대한민국 해군은 제주도 서귀포 강정마을 일대 49만㎡(육상 29만㎡, 해상 20만㎡)에 해군기지를 건설하고 있다. 총 사업비 9,770억 원을 투입해 2015년까지 2,500m의 외곽방파제와 2,400m의 계류부두를 건설하여 대형 군함 20여 척을 정박할 수 있는 규모다. 2011년 6월 말 현재, 1,372억 원의 사업비를 집행하였는데(집행률 14%), 그중 절반은 사업부지 매입 및 어업 피해 보상비용이어서 아직 본격적인 공사단계는 아니다. 현재는 농지였던 육상부지의 비닐하우스 등을 철거해 철벽을 둘러치고 문화재

---

* 이 글의 초고는 2011년 9월 22일, (사)시민환경연구소에서 주관하여 서울 정동 프란치스코 교육회관에서 열린 '제5회 시민환경학술대회'의 발표문으로, 국토생태세션 수상작입니다. 이를 바탕으로 '2장. 군사기지 저항운동의 분석' 등을 덧붙였습니다.

1) 제주환경운동연합 대안사회팀장, 제주대학교 대학원 사회학과 박사과정 수료. (mzsinbi@gmail.com)

시 · 발굴 조사를 진행 중이며, 한쪽 편에서는 콘크리트 방파제 구조물을 제작해 쌓아놓고 있을 뿐이다.

제주도에 대규모 해군기지 건설계획이 처음 제기된 때는 1993년 12월 열린 156차 합동참모회의에서였다. 냉전 해소 직후 미국에 의한 '중국 위협론' 이 대두되기 시작한 시점과 일치한다.[2] 이후 해군은 제주도 내 여러 곳을 후보지로 검토하다 서귀포시 안덕면 화순항을 최종 후보지로 선정하여 2002년 항만기본계획에 화순항 개발계획의 일부를 '보안항구'(군항)로 변경하려 했다. 이로 인해 '화순항 해군기지 반대운동' 이 펼쳐졌고, 기지건설을 유보하겠다던 노무현 후보의 대통령 당선으로 결국 그해 말, 해양수산부의 중앙항만정책심의회에서 유보결정되었다.

그러나 노무현 정부에 의해 해군기지 건설은 재추진되었다. 2004년 4월, '2006~2010 국방중기계획' 에 제주 해군기지 계획이 반영되었을 뿐 아니라, 제주 공군전략기지 건설계획도 포함되었다. 2005년 4월, 해군본부는 제주도와 남제주군을 상대로 해군기지 사업계획을 설명하였다. 이즈음 당시 제주도의 고위직 공무원과 해군의 개입을 통해 화순이 아닌 서귀포시 남원읍 위미항 지역유지들이 유치의사를 표명하면서, 입지예정지가 위미로 변경되기도 하였으나, 모든 사실을 알게 된 지역주민들은 주민총회를 거쳐 반대운동에 나섰다.

그럼에도 불구하고 해군기지 건설을 수용하려고 결심한 전 김태환 도지사는 2007년 4월, 해군기지 유치추진로드맵을 발표하였고, 2차례에 걸친 도민 여론조사를 통해 찬성비율이 다른 곳보다 높았던 서귀포시 대천

2) 고영대, "[시론] 제주 기지가 해양수송로를 지킨다?", 〈한겨레〉 2011년 8월 30일자.

동 강정마을을 해군기지 예정지로 결정하여 국방부에 통보했다. 강정마을은 그동안 해군기지 예정지로 전혀 거론되지 않았다가, 여론조사 불과 보름 전에 기습적인 마을총회를 통해 유치결정을 내려버린 곳이다. 그 배경으로 사전에 김태환 도지사와 당시 마을회장 및 어촌계장의 사전 조율이 있었다는 신빙성 있는 의혹이 제기되었다. 이렇게 뜬금없이 해군기지 예정지로 결정된 강정마을 주민들은 반대대책위를 구성하고, 주민총회의 절차적 문제점을 지적하여, 그해 8월 새로운 주민총회를 개최해 독단적으로 해군기지 유치를 결정한 당시 마을회장을 해임하였으며,[3)] 마을회 자체적인 찬반 주민투표를 통해 해군기지 건설반대 결정을 내려[4)] 현재까지 투쟁하고 있다.

이 글은 현재도 활발하게 진행 중인 '제주 군사기지 건설 저항' 의 여러 면들을 정리하고, 그중에서도 기지건설과 관련된 환경문제를 자세히 검토한 후, 기후변화와 자원고갈과 같은 전 지구적 생태위기에 직면한 상황에서 제주 해군기지 건설의 의미에 대해 비판적으로 바라볼 것이다.

---

3) 2007년 8월 10일 열린 강정마을 임시총회에서는 436명이 참가해 유효투표수의 95.4퍼센트인 416명이 해군기지 유치 결의를 주도한 마을회장 윤 모 씨의 해임에 찬성했고, 강동균 씨를 새로운 마을회장으로 선출하였다. 현재 전 마을회장 윤 모 씨는 '강정해군기지추진대책위원장' 으로 해군기지 건설에 적극 협력하고 있다.

4) 2007년 8월 20일 열린 해군기지 찬반 강정마을주민투표에서는 총유권자 1,050여 명 중 725명이 참가해 유효투표수의 94퍼센트인 680명이 반대의사를 표명했다. 최근에 열린 마을총회에서도 반대의사를 확인하였다.

II. 군사기지 저항운동의 분석

제주 해군기지 반대운동은 2002년 화순항에서부터 시작해 2005년 위미항, 그리고 2007년부터는 강정마을을 중심으로 벌어지고 있다. 지난 10년간의 해군기지 반대운동 과정을 강정마을에서의 투쟁에 초점을 맞춰 ① 저항의 주체와 조직, ② 저항의 의미틀, ③ 저항의 적대와 전선, ④ 저항의 레퍼토리를 중심으로 분석한다. 이는 사회운동의 이론적 분석을 바탕으로 분류한 것이며, 이외에도 저항에 참여하는 사람들의 인식, 저항의 결과 등도 보다 자세한 조사를 통해 보완해야 한다.

1. 저항의 주체와 조직

제주 해군기지 저항운동의 주체와 조직은 마을주민, 제주시민사회, 육지 등 이른바 외부세력(?)으로 나눠볼 수 있다.

강정마을이 제주도의 여론조사를 통해 해군기지 건설예정지로 확정되자, 마을 내의 몇몇 분들이 모여서 해군기지 반대대책위원회를 구성하여 유치를 결의한 주민총회의 부당성을 문제 삼았고, 결국 마을회장을 해임하여, 반대 측이 마을회를 접수하였다. 이후 반대대책위는 마을회 소속 공식기구가 되었고, 반대 측 마을주민들은 마을회관 및 마을기금 등 마을의 공공자원을 저항행위에 공식적으로 동원할 수 있었다.

농민 · 노동 · 여성 · 환경 · 자치운동 중심의 제주시민사회는 2002년 화순항 때부터 '화순항 해군기지 결사반대 범도민대책위원회' (2002. 07.~2006. 04.)를 구성하여 투쟁하였고, 2005년 해군기지 건설문제가 다시 불거지자 기존 조직을 재가동하여 '제주도 해군기지반대 범도민대책위원회'(2006. 05.~2007. 06.)활동을 하였으며, 공군기지 건설계획이 밝혀지자 '제주 군사기지 저지 및 평화의 섬 실현을 위한 범도민대책위원회'(2007. 07.~현재)로 발전적으로 확대하여 활동을 해오고 있다.

이외에 천주교 제주교구는 교구장인 강우일 주교를 중심으로 '평화의 섬 특별위원회'를 구성하여 기지건설에 저항하고 있으며, 여러 개인과 단체 등도 동참하고 있다. 2011년 들어 조천읍과 일도2동 등이 나서서 읍·면·동별 '해군기지 백지화 대책위원회'를 출범시켜서 '평화버스'를 타고 강정마을을 방문하는 행사와 토론회 등을 개최했고, 우근민 도지사에 대한 해군기지 공사중단 촉구 청원운동을 벌이고 있다.

제주도의회의 성격 변화에도 관심을 가져야 한다. 8대(2006. 07.~2010. 06.)와 9대 도의회(2010. 07.~2014. 06.)에서는 해군기지특별위원회를 구성했지만 이렇다 할 성과는 없었으며, 오히려 지난 8대 도의회에서는 한나라당이 중심이 되어 절대보전지역 해제 동의안을 날치기 통과시켰다. 하지만 2010년 6월 지방선거 이후, 민주당 등 야당이 다수로 구성돼 역전된 상황의 9대 도의회에서는 절대보전지역 해제 취소 의결을 통해 전임 도의회의 날치기 결정을 뒤집었고, 해군기지 공사현장에서 강정마을주민들과 함께했으며, 도의원 5명의 단식 및 청와대 앞 1인 시위, 최근에는 도의회 의장이 나서서 주민투표를 통해 해군기지 유치결정에 대해 재검토를 주장하고 있다(김동주, 2011). 또한 9대 도의회 행정자치위원회에서는 해군기지 건설에 대한 행정조사권을 발동하여 이중협약서의 문제, 환경영향평가 이행위반의 문제, 크루즈선의 항내 선회 가능 여부 등을 집중 조사하고 있다.

특히 2011년 들어 제주도 내가 아닌 외부에서 지원세력(이른바 외부세력?)이 결합하고 있는 것은 주목할 만하다. 기독교 단체인 (사)개척자들, 평화단체인 '평화와 통일을 여는 사람들'과 '생명평화결사 순례단'은 강정마을에 상주하면서 투쟁하고 있으며, 서울에서도 전국적인 시민단체들을 중심으로 '제주해군기지 건설저지를 위한 전국대책회의'를 만들어 연대하고 있다. 육지와 일본에 사는 재외제주도민들도 성명과 기자회견을 통해 기지건설 반대입장을 표명했다.

2. 저항의 의미틀

의미틀(frame)이란 "세계를 재인식하거나 세상에 대한 이해의 길잡이가 되는 일반적이고, 표준화된(이미 수용자의 세계관에 자리 잡고 있다는 의미에서) 구조"다(Della Porta and Diani, 1999: 69=최현 · 김지영, 2007에서 재인용). 나는 제주 해군기지 건설에 대한 저항의 의미틀을 민주주의, 생태주의, 평화주의로 확인했다.

첫째, 민주주의(주민동의 및 도민합의). 강정마을에서 초기 찬성주민들이 해군기지 유치동의를 하기 전 거친 절차는 주민총회였고, 반대주민들 또한 임시총회 개최를 통해 독단적으로 유치를 주도한 마을회장 해임과 동시에 신임회장을 선출하였으며, 찬반주민투표 개최를 결의하여 시행하였다. 시민사회에서도 주민투표를 통해 결정해야 한다고 주장한 적이 있고, 최근 제주도의회 문대림 의장도 주민투표를 요구하고 있으며, 도의회가 주최한 도민 여론조사에서도 65.3%가 주민투표를 통한 해군기지 문제해결을 원했다.[5]

그러나 해군은 마을 찬반투표를 인정하지 않고, 초기 개최한 찬성 측의 마을총회결과만을 토대로 주민이 동의했다는 주장을 하고 있으며, 전 김태환 도지사 또한 "해군기지는 국가안보 사업이기 때문에 주민투표는 불가능하다."라며 2차례의 여론조사로 해군기지 유치를 결정했다.[6)]

둘째, 평화주의(세계평화의 섬, 전쟁기지반대). 노무현 정부는 2005년 1월 27일, 제주도를 '세계 평화의 섬'으로 공식 지정했다. 이즈음 제주발전연구원의 도민여론조사에서도 '해군기지 건설의 추진여부 결정 시 우선 고려해야 할 사항'으로 국가안보나 지역경제 파급효과보다 '평화의 섬' 이미지를 14.4% 이상 더 많이 선택하여 제1요인으로 꼽았다. 제주도가 '세계 평화의 섬'으로 지정된 이후, 도민들의 기대감과 평화의식을 강하게 반영한 것으로, 평화의 섬과 군사기지가 양립할 수 없다는 도민들의 생각이다(김동주, 2011). 최근에는 미·중 간의 패권경쟁에 제주 해군기지가 사용될 수 있다는 우려감에 따라 '전쟁기지 반대'라는 구호가 현수막과 성명서를 통해 발표되고 있다.

그러나 김태환 전 지사는 2006년 제주발전연구원에 또다시 용역을 발주해 제주대 정치외교학과 강 모 교수가 수행한 담당연구를 통해 "군사기지와 평화의 섬은 양립가능하다."라는 결론을 이끌어 낸 뒤[7)], 2007년 해군기지 유치 로드맵을 발표했다.

셋째, 생태주의(환경보전, 아름다운 섬). 해군기지 건설은 대규모 개발

---

5) 제주특별자치도의회, 2011년 8월 23일, "제주 해군기지 관련 '주민투표' 찬반 여론조사", 미래리서치.

6) 한국갤럽이 실시한 여론조사는 제주도의회 도정조사를 통해 민간단체 재위탁의 문제, 여론조사 원자료의 미공개 등의 문제가 확인되었다.

7) 평화의 섬 개념이 전도·축소되는 과정에서 대해서는 김동주(2009a)를 참조.

사업이므로 이로 인해 훼손 · 파괴되는 자연환경에 대한 보전요구가 크다. 지구적 · 국가적 · 지역적 수준의 자연보전지역으로 지정되었음을 반대논거로 사용하고 있으며, 멸종위기동식물인 기수갈고둥과 나팔고둥, 붉은발말똥게, 맹꽁이와 후보종인 제주새뱅이 등은 해군의 환경영향평가 대행업체가 아닌 환경단체에 의해 발견되었다. 최근에는 대규모 바위습지인 구럼비 바위의 생태와 경관에 대한 관심을 촉구하는 '구럼비 살리기 국민운동' 이 제안되었고, 구럼비 바위와 바다의 경관을 이미지로 삼은 '이 정경, 그대로가 평화다' 라는 티셔츠가 제작되어 저항기금의 모금을 위해 판매되었다.

그러나 해군과 제주도는 환경영향평가 협의, 문화재현상변경허가 등 각종 행정절차를 통해 자연환경의 훼손이 합법적으로 행해지고 있음을 주장할 뿐이다.

넷째, 의미틀의 종합. 저항의 주체가 정부의 계획에 직접적 영향을 받기에 '주민동의' 를 가장 먼저 외쳤지만, 강한 정부에 의해 묵살되었다. 이후 대규모 개발사업으로 훼손되는 자연환경의 가치에 호소하였지만, 인간주체도 무시하는 정부이기에 자연환경은 더 쉽게 무시되었다. 그렇지만 자연환경은 외부인들에게 보전의 욕구를 이끌어 내어 그들을 저항에 동참시킬 수 있다. 또한 2009년의 김태환지사 주민소환운동은 사그라졌던 민주주의라는 의미틀을 재작동시켰다[8]. 주민동의가 미흡했고, 자연환경이 우수하기 때문에 입지를 재검토해야 한다는 주장(입지의 부적절성)은 민주주의와 생태주의가 종합된 주장이다.

---

8) 주민소환운동에 대해서는 김동주(2009b) 참조.

평화의 섬과 군사기지의 양립 여부는 해군기지 저항이 일개 강정마을만의 문제가 아니라, 제주도 섬 전체의 투쟁으로 만들 수 있는 중요한 사안이지만, 전문가의 의견을 방패로 삼은 도지사의 독단적 결정과, 그와 동시에 이뤄진 강정마을이라는 특정지역 입지선정으로 인해 수면 아래로 가라앉아 버렸다. 그렇지만 2011년 중국 항공모함 건조 사실 공식 확인, 〈환구시보〉를 통한 중국인의 제주관광 보이콧 주장[9] 및 〈인민일보〉 기자의 해군기지 반대운동 취재확인[10] 등 국제관계의 변화에 따라 점점 뜨거운 사안이 될 가능성이 높다. 더욱이 해군기지 반대운동이 점차 '평화운동'의 성격을 보이고 있기 때문에[11], 국가가 지정한 '평화의 섬'으로 남는 것이 아닌, 도민이 아래로부터 주체적으로 만들어가는 '평화의 섬'으로 변하는 계기가 되고 있다.

3. 저항의 적대와 전선

해군기지 건설에 반대하는 저항세력은 그들을 지원하는 연대세력을 얻기도 하지만, 해군기지 건설에 동의하는 그들의 적대세력과 맞부딪히며 마을 · 제주도 · 전국 등 다양한 층위의 전선을 형성한다. 투쟁의 전선은 사회갈등의 한 단면이기도 한다.

---

9) 〈제주의 소리〉, "중국 최대 국제신문 '중국인 제주관광 거부하자'", 2011년 9월 7일. (http://www.jejusori.net/news/articleView.html?idxno=104080)

10) 〈제주의 소리〉, "중국, 제주해군기지 예의주시? 인민일보, 강정취재 돌입", 2011년 9월 8일. (http://www.jejusori.net/news/articleView.html?idxno=104170)

11) 조성윤, 2011, "제주도의 평화 정책과 해군기지 문제", 《제주도연구》 35집(2011년 2월), 제주학회. pp.36~66.

강정마을에서는 찬반주민들 간의 다툼이 고소고발로 이어지거나, 심각한 정신건강피해를 발생시킨다. 〈서귀포신문〉이 2009년 9월 2일부터 11일까지 강정마을 주민들을 대상으로 실시한 '정신건강 실태조사' 결과에 의하면 적대감, 우울, 불안, 강박 등 정신적인 이상 소견이 있는 사람이 전체 주민 중 75.5%를 차지하였다. 정신이상 소견 중에는 적대감이 가장 많았는데 전체 주민 중 57%가 이로 인해 고통받고 있었다. 자살을 시도하거나 계획했다고 응답한 주민들도 34.7%나 됐고, 지난 6월에는 강정마을 주민이 음독자살을 기도했다가 가까스로 회복되는 사건도 벌어졌다. 또한 반대 주민들은 강정해군기지추진위원장(해임된 전 마을회장 윤 모 씨), 시청공무원, 해군 등으로부터 고소고발을 당해 현재까지 5,000만 원이 넘는 벌금을 납부했고, 3명이 구속되었었다(김동주, 2011).

제주사회 전체로 보면, 도내의 안보·보수 단체들과도 전선을 형성한다. 2005년 해군기지 건설문제가 다시 불거지자 제주상공회의소 회장이었던 강영석 씨가 중심이 되어 제주도 내 각종 (관변)단체들을 끌어 모아 '제주사랑실천연대'를 조직하였고, 이들은 신문광고, 성명서 발표 등을 통해 해군기지 유치와 건설추진을 위한 도민여론 조직에 나섰다. 또한 재향군인회 및 재향경우회, 상이군인회 등은 현장 집회 개최를 통해 실력행사에 나섰으며 반대하는 강정마을 주민과 범대위 단체들에게 욕설과 비방을 하였다. 저항세력들은 기지건설을 유치하고 수용한 김태환 도정 및 우근민 도정을 상대로 저항할 뿐 아니라, 찬성세력들에 대한 피곤함도 호소하였다.

해군기지 반대운동의 전선은 사실 제주사회 내부에서 대부분 형성되었으나, 2011년 들어 공사가 본격화되자 해군을 상대로 한 투쟁도 전개

되었다. 그리고 2012년의 총선과 대선이라는 거대한 정치일정을 통한 야당들의 정권교체 시도는 해군기지 문제에도 관심을 갖는 계기가 되어서, 정치권 및 언론에서의 전선도 형성되는 중이다. 그렇지만 제주해군기지 사업은 노무현 정부에서도 중단시키지 못했기 때문에, 향후 전선의 구축과 변동은 지켜봐야 할 사안이다.

4. 저항의 레퍼토리와 적대 행위

사회운동은 다양한 방법을 통해 저항행위를 한다. 그동안 진행되었던 전통적인 저항의 레퍼토리로는 성명서 발표 및 기자회견, 집회 및 시위, 도 일주 도보행진, 자전거행진, 법정소송[12], 촛불문화제, 서명운동, 유인물 배포 및 신문삽지 등을 꼽을 수 있다.

사회운동은 또한 운동과정을 통해 새로운 레퍼토리를 개발하기도 한다. 그동안 제주지역사회에서 채택하지 않았던 새로운 저항의 레퍼토리로는 평화 100배, 평화버스 및 평화비행기[13], 올레코스 개설[14], 현장 상

12) 해군기지 건설 저항 소송으로는 ① 국방부장관을 상대로 낸 '국방 · 군사시설 사업실시계획 승인처분 무효확인 소송' (대법원 2011두19239호), ② 제주도지사를 상대로 낸 '절대보전지역 변경처분 무효확인소송' (대법원 2011두13187호), ③ 부산지방해양항만청장을 상대로 낸 '공유수면매립 승인처분 취소소송' (2010구합1928) 등이며, 이 외에 2009년 말 환경영향평가 심의위원들을 상대로 낸 소송, 2011년 8월 초 한나라당 김무성 의원의 '종북좌익세력' 발언에 대한 명예훼손 및 모욕 협의로 고소한 사건 등이 있다.

13) '평화버스' 기획의 아이디어는 한진중공업 정리해고 철회를 주장하여 수백 일째 크레인 점거 농성을 벌이고 있는 김진숙 민주노동 부산본부 지도위원을 지지하는 '희망버스' 에서 차용한 것이며, 제주도는 섬이기 때문에 천주교 인권위원회에서 비행기를 전세 내어 '평화비행기' 까지 띄웠다. 동시대에 벌어지고 있는 다른 투쟁의 방법을 본받는 것은 중요한 의미를 갖는다.

설 사진전시관 개관이 있으며, 평택 미군기지 확장저지운동에서처럼 마을 벽화 그래피티, 반대 동영상 제작 및 인터넷 홍보, 공사현장 숙식 및 숙박 점거농성[15], 최병수 화백 등의 설치미술품 등[16]도 강정마을에 도입되었다.

또한 해군기지 유치를 결정한 김태환 도지사에 대한 주민소환운동은 광역자치단체장을 상대로 한 최초의 행위였다[17]. 한편 저항기금마련을 위해 기존의 후원주점과 문화예술인들의 중심이 된 작품 판매뿐 아니라[18],

---

14) 구럼비 바위가 있는 강정마을 중덕해안은 원래 '올레 7코스'에 포함되지 않았으나, 마을주민들과 범대위가 중덕해안에서 강정포구까지 연결되지 않은 길을 개척해 서명숙 '제주올레' 이사장에게 올레코스 포함을 건의하였다.

15) 2011년 1월, 해군은 육상부지에서 제작한 콘크리트 방파제 구조물을 바다로 가져가기 위한 통로를 만들기 위해 구럼비 바위를 깨뜨렸다. 이에 저항하기 위해 '구럼비영웅' 김종환 씨 등이 그 통로 위에 비닐하우스 등을 설치해 점거투쟁을 벌였다. 비닐하우스는 통로 위에 2개가 있어 저항자들의 취사 및 식사장소로 사용되었고, 향후 바로 옆에 숙박을 할 수 있는 3동의 비닐하우스를 더 설치했다. 바나나와 파인애플 등 열대과수를 재배하기 위해, 제주도에서 농업시설로 비닐하우스를 처음 도입한 지역이 강정 및 법환 지역임을 상기해 볼 때, 삶의 토대였던 비닐하우스가 삶을 어그러뜨리는 해군기지 건설에 저항하는 투쟁의 도구로 사용된 것이다. 8월 초 이 비닐하우스 등은 행정대집행에 대비하기 위해 야5당에 인수인계되었다. 또한 깨뜨려진 구럼비 바위를 모아서 솟대와 방사탑을 쌓기도 했다. (물론 그 이전에도 영화평론가 양윤모 씨가 구럼비 바위 위에 '중덕사'라는 비닐하우스를 설치해 그곳에서 숙박을 하면서 투쟁을 했다. '중덕사'는 2011년 8월 태풍 '무이파'에 의해 훼손되었다.)

16) 2007년 가을, 최병수 작가는 강정마을 중덕해안에 생명수 솟대, 소라 솟대, 전복 솟대를 설치했고, 철판을 녹여 세운 "NO 이지스함"을 만들었으며, 마을 사람들과 힘을 모아 '방사탑'도 세웠다. 그 주변에 강정마을 사람들은 강정평화대장군 등 장승 2기도 세웠다.

17) 김동주(2009b) 참조.

18) '제주 군사기지 저지 및 평화의 섬 실현을 위한 범도민대책위원회'에서도 수차례 벌금납부 및 투쟁기금 마련을 위한 후원주점을 개최했으며, 탐라미술인협회 소속 회원들이 기증한 작품을 판매하기도 하였다. 강정마을회에서도 마을 의례회관에서 별도의 후원주점을 열기도 했다.

젓갈 등의 강정마을 특산품 판매, 그리고 강정마을을 상징으로 한 티셔츠 판매[19]도 있었다.

이러한 저항세력의 저항행위에 대해 적대세력들은 고소 · 고발, 체포와 구속, 육지의 경찰관 기동대 파견, 국방부 · 국토해양부장관의 공동담화문 발표 등 공권력의 행사를 통해 저항을 진압하고자 했다. 강정마을 내부에서 반대 주민들은 강정해군기지추진위원장(해임된 전 마을회장 윤 모 씨), 시청공무원, 해군 등으로부터 고소고발을 당해 현재까지 5,000만 원이 넘는 벌금을 납부했고, 현재 강동균 마을회장 등이 구속된 상태다.

건설업체인 삼성물산과 대림산업 등은 마을주민들을 상대로 약 2억 9,000만 원 상당의 공사방해에 따른 손해배상 청구소송을 제기했다. 또한 지난 7월 초 법무부장관 명의로 강정마을회를 비롯해 5개 반대 단체 소속회원들에 대하여 공사방해금지 및 공유수면 출입금지 가처분 신청을 했으며, 8월 29일 제주지방법원이 이를 수용하면서, 이를 어길 시 매회 200만 원의 벌금을 납부토록 했다. 이에 따라 9월 2일 새벽, 경찰은 지난 8월 14일 제주에 온 서울 · 경기경찰청 소속 전경 및 경찰관 기동대에 더해 8월 31일 추가로 광주경찰청 기동대를 파견하여 총 1,000여 명의 육지 경찰과 물대포 3대 및 최루액 살포차까지 제주도에 파견해 중덕 해안으로 가는 농로를 폐지하고 펜스를 둘러쳤으며, 30여 명을 연행했다.

---

19) 군사기지저지범대위에서 기금마련을 위해 총 3,000벌(각 2만 원)을 제작하여 8월 6일 2차 평화대회에서부터 판매하여 9월 3일 3차 평화대회 때까지 각 단체별 할당 및 개인에 대한 우편발송 판매도 병행하여 전부 판매하였다. 티-셔츠의 판매완료는 해군기지 저항에 대한 전국적인 지원과 연대를 파악할 수 있는 근거가 될 수 있다.

〈표-1〉 제주해군기지 관련 주체와 조직, 의미틀의 내용

		저항자와 연대세력	전선	추진자와 적대세력
주체와 조직	마을	- 강정마을회 (강정해군기지반대대책위원회)	↔	- 강정해군기지추진위원회
	제주사회	- 제주군사기지저지 및 평화의 섬 실현을 위한 범도민대책위원회 - 읍·면·동별 백지화 대책위원회 - 천주교 제주교구		- 제주사랑실천연대 - 재향군인회, 재향경우회 등 안보/보수단체 - 건설업자(삼성물산, 대림산업 등)
	전국	- 제주 해군기지 백지화를 위한 전국대책회의 - 트위터 강정당 - 개척자들, 생명평화결사, 평통사 - 재외도민 및 외국인(육지와 일본 등)		- 국방부(해군본부) - 경찰청(제주청) - 보수언론(조·중·동, 뉴데일리, 데일리안 등)
의미틀(담론과 구호)		○ 평화주의(세계 평화의 섬) - "군사기지와 평화의 섬은 양립불가능하다"	↔	○ 전쟁주의(국가안보) - "평화를 지키려면 전쟁을 대비해야 한다"
		○ 생태주의(환경보전) - "아름다운 구럼비를 지키자" - "멸종위기종들을 지켜야 한다"		○ 개발주의(지역경제 활성화) - "해군기지 개발사업을 통해 인구유입 등 침체된 서귀포지역경제를 활성화시킬 수 있다" - "국책사업 협력을 통해 국비를 많이 받아내어 지역발전을 추진하다"
		○ 민주주의(주민동의, 도민합의) - "주민동의 없는 해군기지 반대한다" - "갈등해소를 위해 주민투표를 통해 결정해야 한다"		○ 독재와 불통 - "국가안보사업이므로 주민투표사안이 아니다" - "이미 마을총회에서는 찬성의결했다"

수구언론 또한 적대행위에 동참했다. 〈조선일보〉를 비롯한 지면신문과 〈뉴데일리〉[20], 〈데일리안〉[21] 등의 인터넷 신문들은 제주 해군기지 건설의 필요성을 옹호하면서 반대세력을 전문시위꾼과 좌파단체로 매도

20) http://www.newdaily.co.kr
21) http://www.dailian.co.kr

하는 기사와 인터뷰, 사설 등을 갈등이 고조되는 7월 말부터 자주 다뤘다.[22] 특히 경찰의 과잉대응을 촉구하는 기사들도 버젓이 게재하며 공권력을 배후조종하였다.[23]

〈표-2〉 조선일보 해군기지 관련 보도현황[24](www.chosun.com)에서

날짜	제목
2011. 9. 5.(월)	시위 동력 떨어져가는데… 내달 1일 2차 반대행사 개최
2011. 9. 5.(월)	강정마을 해군기지 찬성 슈퍼에 분풀이
2011. 9. 5.(월)	법 집행 단호해지자 강정마을이 차분해졌다
2011. 9. 3.(토)	오늘 시위 전세기… 1500여 명 결집
2011. 9. 3.(토)	"영토 지킬 군사시설 못 짓다니… 여기가 어느 나라냐"
2011. 9. 3.(토)	150m 장벽 치는데 74일이나 걸렸다
2011. 9. 3.(토)	손해배상금 200만 원의 위력
2011. 9. 1.(목)	[제주 강정마을 사태] 반대파 50여 명, 동영상 촬영 경찰관과 격렬한 몸싸움
2011. 8. 31.(수)	반대세력, 낯선 사람 보자 "첩자 색출 중" 다그쳐
2011. 8. 30.(화)	[사설] 중국 무서워 海軍기지 반대한다는 事大的 발상의 한심함
2011. 8. 30.(화)	"불법 시위세력 접근 금지"… 해군기지 건설 정상화 숨통
2011. 8. 30.(화)	"경찰의 소극 대처, 갈등 키워… 외부세력은 떠나라"
2011. 8. 30.(화)	"시위대가 '군홧발 폭행' 장면 유도해… 외부세력 차단하는 것이 경찰의 임무"
2011. 8. 29.(월)	[태평로] 얻어맞는 강정마을 해군 장병들
2011. 8. 29.(월)	제주 강정마을에 '시위 전세機' 까지
2011. 8. 29.(월)	"진해 · 부산이 해군기지로 망했나"… "경찰은 뭐하나"
2011. 8. 27.(토)	마을총회 · 보상 끝냈는데… 반대측 "道民투표하자"
2011. 8. 26.(금)	[사설] 강정 해군기지에서 본 비굴한 공권력
2011. 8. 26.(금)	인터넷에 역이용 당할라… 경찰, 진압 머뭇머뭇
2011. 8. 26.(금)	김밥 맞은 경찰서장, 억류당한 350명 경찰… 公권력이 空권력 됐다
2011. 8. 26.(금)	서귀포 경찰의 황당한 세 가지 약속
2011. 8. 25.(목)	'강정마을 사태' 속수무책… 서귀포 경찰의 굴욕
2011. 8. 17.(수)	한진重 끝나자 제주해군기지 '운동권 표적' 으로
2011. 8. 2.(화)	[편집자에게] '강정 마을, 미 핵항모 지원기지' 는 근거 없는 주장
2011. 7. 26.(화)	[편집자에게] 제주 해군기지 건설 발목 잡는 사람들
2011. 7. 20.(수)	해군기지 부지가 좌파단체 해방구로… 30명 때문에 공사 중단

Ⅲ. 해군기지 건설의 환경문제

제주 해군기지 건설사업은 항만과 배후지역이 입지하는 자연환경을 변형하는 대규모 개발사업이다. 매립되는 공유수면(바다)의 면적만 해도 200,000㎡(약 6만 2천 평)로 기존 제주도 내 최대 해양매립 개발사업이었던 제주시 탑동매립지 165,000㎡(약 5만 평)보다 더 큰 규모다. 강정마을 해안의 자연환경 특성을 살펴보고, 정책결정 및 공사진행 과정에서 제기된 환경문제를 정리한다.

1. 강정마을 해안의 자연환경 특성

해군기지가 들어서는 서귀포시 강정마을은 인구 1,900여 명의 제주도의 전형적인 반농반어촌으로, 마을의 입지중심이 바다에서 1km 정도 육지에 있다. 주민들은 어선어업 및 해녀들의 잠수어업에 종사할 뿐 아니라, 농지에서 백합과 한라봉 등 시설원예 및 과수농업을 하고 있다. 특히

---

22) 〈조선일보〉 뉴스 파노라마에서 '강정 해군기지'로 검색을 하면 2011년 9월 13일 현재 관련기사는 총 157건이며, 1월 0건, 2월 2건, 3월 3건, 4월 2건, 5월 4건, 6월 6건, 7월 20건, 8월 66건, 9월 54건으로 7월 말부터 부쩍 해군기지 관련 기사가 급증해 대부분을 차지하고 있다. 한편 연도별 기사수는 2006년 0건, 2007년 40건, 2008년 15건, 2009년 45건, 2010년 73건, 2011년 157건이다.('제주 해군기지'로 검색해도 비슷한 결과가 나온다.)

23) 실제로 8월 24일부터 25일 새벽 사이에 벌어진 현장 상황과 관련하여, 당시 송양화 서귀포경찰서장은 저항세력과 원만한 합의를 하려고 노력했으나, 〈조선일보〉는 보도기사와 사설을 통해 공권력의 비굴함이라며 비난했고, 결국 8월 25일 조현오 경찰청장은 6월 30일 부임하여 채 두 달도 되지 않은 송양화 서장을 전격 경질했다.

24) 〈조선일보〉 인터넷홈페이지(www.chosun.com)에서 '해군기지'로 검색(검색일: 2011년 9월 12일).

강정마을의 한자 표기는 물 강(江), 물 정(汀)으로 마을 이름이 물로만 이뤄질 만큼 용천수가 풍부하다. 강정마을 동쪽으로는 악근천과 강정천이 흐르고, 서쪽으로는 자그만 용천수들이 솟구쳐 흐른다. 은어가 올라오는 강정천의 물은 남제주군과 통합되기 전 옛 서귀포시 인구 중 80%(약 6만 5천 명)에게 물을 공급하는 상수원이었으며, 예전에는 이 물을 활용하여 벼농사도 지었다. 물이 부족한 제주에서 벼농사를 지을 수 있을 만큼 수리조건과 토질이 좋았으며, 이로 인해 제주에서는 일강정, 이번내, 삼도원이라는 말이 있다.[25] 이렇게 우수한 자연환경을 보전하기 위해 마을청년들을 중심으로 '고운환경감시단' 이 구성되어, 마을 환경을 지키기 위해 다양한 활동들을 해왔으며, 환경부는 '2005년 자연생태우수마을' 로도 지정했다.

해군기지가 예정된 곳은 중덕해안이라 불리는 곳으로 동쪽인 강정천 하류에서 서쪽인 강정포구까지 2km 정도이다. 이곳 해안에는 '구럼비' 라고 불리는 한 덩어리로 이뤄진 너럭바위(용암단괴)가 있다. 제주도 본섬 해안 200여km 중에서 이렇게 용암단괴로 이뤄진 곳은 흔치 않으며, 바위 틈에서는 '할망물' 등 용천수가 솟아나고 빗물도 많이 고여 바위습지라는 독특한 생태적 특성도 보여준다. 구럼비 바위는 또 그 자체로 독특한 해양경관을 형성할 뿐 아니라, 바다와의 완충지대 역할도 하기 때문에 태풍 내습 시 재해저감을 위한 역할도 한다.

---

25) 제주도에서 살기 좋은 마을 순위를 매긴 것이라고 보면 되고, 첫째가 강정이요, 둘째는 번내(현재의 화순), 셋째가 대정읍 신평리와 신도리 등이다. 이렇게 제주도에서 가장 살기 좋은 마을 1순위와 2순위가 지난 10년간 제주해군기지 건설예정지로 많은 갈등을 겪어왔다는 것은 제주도 전체의 시각에서 본다면 참 안타까운 일이다.

자연환경이 우수한 강정마을의 해안은 지구적 · 국가적 · 지방적 수준의 각종 자연환경보전지역으로 지정되어 있다. 해양부지는 유네스코 생물권보전지역의 완충지역(2002년)이면서, 천연기념물 제442호인 연산호 군락이 서식하고 있는 문화재청 문화재보호구역(2004년)이고, 사업부지 인근 2킬로미터 남짓에 위치한 범섬은 해양수산부 해양보호구역(2002년)과 제주도립해양공원(2006년)으로 지정되었으며, 육상부지는 제주도 절대보전지역(2004년)과 절대보전연안(2007년)으로 지정되었다.

2007년 여름, 사업부지 서쪽 강정포구 인근에서 환경부 지정 멸종위기보호동물 2급인 기수갈고둥이 발견되었고, 11월에는 사업부지 해양에서 멸종위기동물 1급 나팔고둥과 2급 금빛나팔돌산호가 발견되었다. 2009년에는 사업부지 육상 전역에서 멸종위기동물 2급 붉은발말똥게가 대규모로 서식하고 있는 것이 발견되었다(이러한 멸종위기보호종들은 해군의 환경영향평가에서 확인한 게 아니라, 환경단체와 마을주민들이 직접 찾아내었다.)(김동주, 2011).

2. 정책결정 과정의 환경문제

우수한 자연환경을 훼손하는 개발사업이어도 법률에 따른 절차를 진행해야 한다. 그러나 해군이 추진한 각종 행정절차는 매번 문제점을 드러내었다.[26]

26) 야5당 해군기지조사보고서 중 제4장. 제주해군기지 관련 쟁점 3절(행정절차의 문제) 및 4절(환경훼손 및 보전대책 문제) 참조.

첫째, 환경영향평가 사후 실시의 문제. 국방부는 2009년 1월 제주해군기지 건설사업에 대한 국방·군사시설 실시계획 승인을 하였으나, 그 때는 환경영향평가서 초안도 나오기 전이었다. 따라서 절차적인 문제를 지적하였으나, 이후 9월 환경영향평가가 심의 의결된 후, 12월 제주도의회에서 동의절차를 거친다. 해군은 이를 바탕으로 2010년 3월 실시계획 변경승인을 하였다. 강정마을 주민들이 국방부장관을 상대로 낸 소송에서 1·2심은 2009년 최초의 승인처분에 대해 "환경영향평가를 거치지 아니한 중대하고 명백한 하자가 존재하여 무효"라고 하였지만, 2010년의 변경처분은 적법하다고 판결했다. 현재 대법원 계류 중이다.

둘째, 사전환경성검토 및 환경영향평가의 문제. 연산호 분포와 관련하여 공동 생태계 조사 시 추가조사의 필요성이 제기되었으나 이뤄지지 않았으며, 사전환경성 검토 시 충분한 조사가 이뤄지지 않았다. 또한 환경부지정 멸종위기야생동물 2급에 속하는 '붉은발말똥게'가 해군기지 예정부지 전역에 광범위하게 서식하고 있었으나, 환경영향평가서에서는 누락되었고, 멸종위기종인 맹꽁이와 멸종위기후보종인 제주새뱅이도 올해 들어 발견되었기 때문에 환경영향평가 상의 보전대책에는 포함되지 않았다. 환경영향평가 심의도 1차 회의에서 보류한 지 3일 만에 반대 측 위원들에 대한 사전고지를 충분히 하지 않은 상태에서 전격적으로 열려 기습 통과되었다.

셋째, 절대보전지역의 해제 문제. 절대보전지역은 제주도개발특별법 제정 당시 무분별한 난개발을 방지하기 위해 만든 제주도의 특유한 자연환경보전제도이며, 지정될 경우 각종 시설물의 설치와 공유수면 매립 등 자연환경훼손을 할 수 없다. 현재 제주도 전체면적의 10% 정도가 지정되어 있으며, 강정마을 해안은 2004년 10월 27일 절대보전지역으로 지정되었다. 그런데 해군은 기지건설을 위해 2009년 9월 제주도지사에게 절대보전지역 해제를 요청했고, 12월 제주도의회는 한나라당 의원의 날치기 통과로 동의를 하였으며, 결국 해제되었다. 하지만 이와 관련하여 주민의견 청취절차와 도시계획위원회 심의절차를 거치지 않았으며, 도의회 날치기 통과 때도 적법한 절차를 거치지 않아서 현재 소송 진행 중이다. 특히 절대보전지역의 해제와 관련해서 도지사의 독단적 결정을 막을 수 있는 제도적인 방안이 전무한 상황이기 때문에 매우 자의적인 판단을 통해 제주도의 독특한 자연환경보전제도가 무력해져버렸다.

3. 공사진행 과정의 환경문제

법률에 따라 적법한 행정절차를 이행하여 공사를 진행하고 있지만, 그 과정에서도 문화재현상변경 허가조건과 환경영향평가 협의내용을 제대로 이행하지 않는 불법적인 공사가 논란이 되고 있다.[27] '군사기지저지범대위' 는 현장에 상주하면서 공사진행 과정의 환경문제들을 발견 · 지적하였다.

첫째, 문화재현상변경허가 미이행. 천연기념물인 연산호 군락의 보호를 위해 오탁방지막 설치를 의무화하는 조건으로 문화재현상변경허가를 했다. 그러나 오탁방지막이 2011년 5월 풍랑에 의해 훼손되었지만 이를

27) 제주군사기지저지및평화의섬실현을위한범도민대책위원회 내부자료. "해군불법공사 내용정리", 2011년 7월 28일.

수리하지 않은 상태에서 바지선을 동원해 준설공사를 강행함으로써 문화재현상변경허가조건과 환경영향평가 협의내용을 위반했다.

둘째, 지하수 관정 원상복구 협의내용 위반. 2011년 4월 28일, 지하수 관정이 드러난 채 그 위로 공사차량이 수시로 드나들면서 흙먼지 등이 관정 내로 유입되어 지하수 오염을 일으키고 있었다. 환경영향평가 협의내용에서는 지하수법에 따라 사업지구 내에 분포하는 지하수관정 11개소에 대해서 원상복구(폐공처리)를 하라고 했다.[28)]

셋째, 붉은발말똥게 이식 허가조건 위반. 2011년 5월 24일. 붉은발말똥게 포획통발에서 말똥게 등 고사된 게들이 확인되었고, 2011년 7월 2일 포획도구를 화분형태의 통발로 교체했지만 이 역시 흙탕물이 고이면서 붉은발말똥게 등 게 사체들이 발견되었다. 특히 구럼비 바위와 육상 부지 전체가 붉은발말똥게 등의 서식지이기 때문에, 전 개체를 포획 · 이주시켜서 보전한다는 것은 불가능하다.

넷째, 토사유출 저감대책 협의내용 위반. 2011년 5월 23일. 공사장 인근 바닷가 진소깍으로 다량의 토사가 유입되었고, 2011년 6월 10일 또다시 다량의 토사와 임목폐기물 잔해가 인근 해안으로 유출되었다. 환경영향평가 협의내용에서는 토사유출을 저감하기 위해 가배수로와 침사지 및 저류지를 만들도록 하고 있지만 이를 이행하지 않아서 협의내용 위반이다.[29)]

다섯째, 폐기물 적정처리 협의내용 위반. 2011년 5월 23일 사업부지 내

28) 제주군사기지저지및평화의섬실현을위한범도민대책위원회 보도자료, 2011년 5월 26일, “원칙과 절차 무시한 채 제주 지하수마저 훼손하는 해군”.

29) 제주군사기지저지및평화의섬실현을위한범도민대책위원회 보도자료, 2011년 5월 31일, “이번에는 무단 토사유출! 해군 공사현장 무법천지 되었다”.

의 공사과정에서 발생한 임목폐기물, 폐비닐 등과 비닐하우스 철거 후 남은 폐스티로폼 등이 바람에 날려 해안을 오염시키고 올레길 경관을 훼손하고 있었고, 환경영향평가 협의내용에 따른 야적물 방진덮개 설치의무를 불이행하고 있었다.

이러한 저항세력의 환경관련 문제제기에 대해 해군은 2011년 6월 9일 "『해군기지 현장 환경문제 및 토지수용과정 논란』관련 해군 제주기지사업단 의견"을 통해 입장을 밝혔다. 해군은 폐기물 처리 및 토사유출에 대해서는 잘못을 인정했고, 지하수 관정문제는 이견을 보였으며, 붉은발말똥게와 관련해서는 반대단체에게 잘못을 떠넘겼다.

4. 군사기지 건설저항에 나타난 환경문제 발생의 함의

군사기지 건설의 정책결정 및 공사진행 과정에서 매우 많은 환경문제들이 발생하였다. 이러한 환경문제 발생은 여러 가지 함의를 내포한다.

첫째, 평화운동으로서 환경운동의 역할. 군사기지 건설 저지라는 평화운동의 일환으로 환경운동세력은 그들의 독자적인 전문분야를 토대로 대규모 개발사업의 성격을 지닌 군사기지 건설사업에 저항했다. 기지 건설의 각종 과정에서 환경관련 행정절차에 대한 문제제기와 희귀생물종의 발견을 통해 환경문제를 군사기지 저항의 주요한 의미틀과 논거로 삼을 수 있었다. 특히 지난 20여 년간에 걸친 한국사회 환경운동의 형성과 발전에 따라 만들어진 '생태주의' 의미틀은 군부·보수세력이 구축해 놓은 '국가안보'와 '경제성장' 의미틀에 대항하는 담론으로서 역할을 했고, 운동의 성과에 따라 의미틀의 전환이 이뤄질 수도 있는 중요한 논점이 된다.

둘째, 대규모 개발사업의 일상화된 문제들. 대규모 개발사업은 불가피하게 대규모 환경훼손을 유발한다. 때문에 '환경영향평가' 라는 행정절차를 통해 훼손범위를 최소화하고, 저감 및 보전 대책을 마련한다. 그러나 법적으로 정해진 이러한 환경보전 절차와 행위들도 실제 적용되는 과정에서는 그렇게 엄격하게 지켜지지 않는다. 개발을 추진하는 거대한 압력 속에서 환경보전의 목소리는 항상 뒷전에 머물고 있다. 해군기지 건설사업에서도 마찬가지의 현상이 나타났다. 문제를 제기하면, 적법한 절차를 통해 사업이 진행 중임을 주장하면서, 보전대책을 마련하겠다는 레토릭으로 그칠 뿐이다. 이는 대규모 개발사업을 추진하는 세력들이 항상 보여주는 방식이다. 그렇기 때문에 대규모 개발사업을 전면 중단하지 않고서는 절대로 해결할 수 없다.

셋째, 인간주체들의 최후의 저항논리: 비인간주체. 확장된 인간중심주의에 따라도 인간은 인간과 자연환경 중에 인간을 우선 생각할 수밖에 없는 존재들이다. 그런데 인간의 집합인 어떤 공동체에서 결정한 사안을 그보다 상위 공동체에서 억압을 하려면 정당한 방법과 설득의 시간 및 노력이 필요하다. 하지만 제주 해군기지 건설과정에서는 그렇지 않았다. 즉, '주민동의' 라는 요구는 간단히 무시되었다. 그래서 최후로 나타나는 주장이 바로 환경문제다. 결국 개발사업에서 가장 심하게 파괴되는 것은 비인간주체들인 자연환경이기 때문이다. 하지만 비인간종들은 인간사회에서 아무런 지위와 역할이 없으므로, 인간공동체도 무시하는 강한 국가는 비인간종들의 소리 없는 비명을 듣지 않고, 듣지도 못한다.

군사기지 개발사업에 대한 저항에서 환경문제는 중요한 역할을 하지만, 그 사회가 갖고 있는 '생태주의' 라는 의미틀이 어느 정도 형성되고 구축되었는지에 따라 대항담론의 힘을 가질 수 있다. 또한 저항운동을 통해서 대항담론을 넘어 주요담론으로 자리 잡을 수도 있다.

Ⅳ. 사회의 생태적 전환과 해군기지 건설

1. 외부의존형 개발국가 체제의 유지 · 확장을 위한 군사적 수단

제주 해군기지는 북한의 위협을 방어하는 '연안해군'이 아닌, 이어도와 7광구 등 남방해역의 자원 및 남방 해상수송로 보호를 목적으로 하는 '대양해군'을 추진할 기동전단의 모항으로 건설되고 있다. 에너지원의 97%를 외부에 의존하고 있으며, 경제활동의 80%를 무역에 의존하는 통상국가인 대한민국은 외부의존형 개발국가다. 따라서 에너지와 자원, 무역화물 등 외부로 운송하는 바닷길을 지키기 위해서 군사력을 확대해야 한다고 해군은 주장한다. 그러나 지난해 천안함 침몰과 연평도 포격사건에 따라 '대양해군' 개념은 잠정폐지되었고, 바닷길을 위협하는 존재인 해적의 소탕은 해양경찰의 국제협력활동 분야이기 때문에, 굳이 군함을 출동시킬 만한 적은 아직 보이지 않고 있다. 더욱이 남방해역의 지하자원은 아직까지 주변국 간에 누구의 소유권도 정해지지 않은 상태이므로 섣불리 군함을 출동시켰다가는 군사적 도발로 간주될 수 있기 때문에 적대감만 키울 수밖에 없다.

이러한 논리들은 대양해군 개념의 제주 해군기지 건설에 저항하는 논리로 사용되어 왔다. 나 또한 동의하면서, 여기에서는 사회의 생태적 전환이라는 면에서 제주해군기지 건설을 비판하고자 한다.

2. 사회의 생태적 전환

현재 우리는 기후변화와 에너지 및 자원고갈 등 전 지구적 생태위기에 처해 있다. 산업혁명 이후 대량의 화석연료를 소비한 결과이며, 자원의 생산과 소비 과정에서도 선진국과 개발도상국 간, 그리고 계급과 인종 간의 다양한 갈등을 겪고 있다. 이러한 문제를 해결하기 위해서는 생태사회체제로의 전환이 시급하다. 생태사회는 에너지와 자원을 외부의존이 아니라 지역 내에서 자립하는 것이며, 그 과정에서도 민주주의와 평화주의의 원칙이 지켜져야 한다. 사회의 생태적 전환은 외부의존 경제에서 생태적 자립경제로 전환하는 것이며, 그 구상은 다음의 글귀를 참고할 만하다.

> "'스와데시'는 굉장히 아름다운 단어이다. 이것의 의미는 우리가 경제적으로 자립할 수 있어야 한다는 것이다. 우리가 필요한 것을 가능하면 직접 만들 수 있어야 하고, 그게 불가능하면 마을에서, 마을에서 불가능한 것은 도시가, 도시에서 힘든 것은 국가가, 국가도 해결하지 못하는 것은 수입을 할 수도 있다. 바로 이렇게 내부에서 외부로 뻗어나가는 것은 전적으로 옳다. 지금처럼 외부에서 모든 것을 수입하는 경제는 지탱가능할 수 없다."30)
>
> - 사티쉬 쿠마르(슈마허칼리지 설립자 및 〈Resurgence〉 편집자)

---

30) 〈프레시안〉, "평화-생명을 향한 걷기에 나서자", 2004년 5월 4일.
(http://www.pressian.com/article/article.asp?article_num=30040504180236§ion=03)

"우리는 살아남기 위해서라도 절박하게 자립경제를 추구해야 한다. 우리 자신과 자식들을 굶겨 죽이지 않기 위해서라도 농업사회, 자립과 자치의 농업공동체를 지향해야 한다. 자립경제의 핵심은 식량과 에너지의 자립, 시장경제의 폭력에 대항하는 소농 중심의 자치공동체를 새롭게 건설하는 것이다.

자립경제란 힘을 동원한 투쟁으로 쟁취하는 그런 종류의 제도가 아니다. 무엇보다도 자립경제는 깨어있는 자유인들의 풀뿌리 직접행동으로만, 진정한 민주주의의 직접 실천으로만 가능한 경제이다. 각자 자신의 방식으로 플러그를 뽑는 직접행동, 무엇보다도 자신의 식량을 자신이 농사짓는 일부터가 시작일 것이다. 모든 사람이 농민이 되자는 말은 물론 아니다. 지금은 농민이 '멸종 직전' 이기에 먼저 깨어있는 사람들부터 농민으로 전환하는 일이야말로 자립경제와 자치공동체 복원의 지름길인 것이다." (박승옥, 2007: 222)

전 지구적 생태위기 시대에 발생가능한 대표적인 분쟁은 자원전쟁이다. 마찬가지로 제주 해군기지 건설의 목적은 1960년대 이후 형성된 외부의존형 개발국가체제를 유지하기 위한 군사적 확장정책이다. 어느 한 나라만의 생존을 위한 것이라면, 군사력을 통해 지구의 유한한 에너지와 자원을 그 나라에게만, 그중에서도 비용을 지불할 수 있는 자에게만 분배할 수 있을 뿐이다. 그러나 이는 지구적인 전쟁발발로 이어질 수밖에 없기 때문에, 평화적인 해결이 아니다. 따라서 인류와 지구 생명체에게 닥친 생태위기의 평화적 해결을 위해 세계 각지에서 지역자립을 위한 생태사회체제로 전환해야 한다. 유한한 자원을 놓고 대결을 벌이는 것보다는 자원의 소비량을 대대적으로 감축하면서 지역적으로 자립하는 생태사회체제로 전환해야 하고, 기존의 외부의존형 개발국가 체제를 유지 · 확장시키기 위한 해군기지 건설은 전면 백지화해야 되며, 그에 동원되는 자원을 체제전환을 위해 전용해야 한다.

3. 생태사회체제의 모델로서 제주도

특히 제주도는 적당한 규모의 크기와 인구로 인해 생태적 자립사회의 모델이 될 수 있는 곳이다. 물질적인 측면에서 물 · 에너지 · 식량의 자립은 충분히 가능하며, 이를 위한 자치적인 권한도 '특별자치도'를 통해 수행할 수 있다.

섬은 물이 아주 귀한 곳이었으나, 1970년대 이후 지하수 관정 개발을 통해 다량의 빗물이 지하로 함양되어 솟아나는 용천수와 5,000여 공의 지하수 관정을 통해 100% 자급하고 있다.

에너지를 풍력 · 태양광 · 태양열 · 바이오에너지 등 자연에너지원으로로 전환할 경우, 2003년 이용량 기준으로 470배가 부존하고 있으며, 2배 정도가 이용가능량으로 계산되었다(김귀식, 2006). 실제로 제주도 내 전력공급설비 중 10% 정도가 풍력과 태양광 등 재생가능에너지원으로, 전 세계적으로 매우 높은 수준을 보여주고 있다.

식량의 경우, 1960년대까지만 하더라도 제주도의 전통적인 경제는 자급을 위한 생계경제였으나, 그 이후 감귤 등 환금작물의 도입에 따라 시장경제체제로 가장 빠르게 전환되었다. 그래서 현재 주식인 쌀은 거의 생산하고 있지 않으나, 몇몇 농업인들은 연간 1,000억 원대인 제주도의 쌀시장 중 10% 정도를 제주도산 밭벼(산디)로 전환시키려는 움직임을 보이고 있다.[31] 또한 생활협동조합 가입과 로컬푸드 운동 등도 확산되고 있다.

위와 같이 물·에너지·식량의 물질적 자급은 충분히 가능하기 때문에, 이를 위한 자치체제를 수립할 수 있다면 전 지구적 생태위기의 대안 모델로서 제주도는 기능할 수 있다. 그렇기 때문에 제주해군기지는 사실상 외부의존형 개발국가를 유지·확장하기 위한 군사적 수단이므로, 제주도의 자립과 대안적인 미래와는 전혀 상관없이 육지부의 외국과의 외부의존을 위해 건설되고 있다는 점에서 反제주도적이다.

그럼에도 불구하고 제주도지사와 도내 관료들이 해군기지 건설을 무비판적으로 수용하는 것은 재정자립도 25%에 불과해 국비확보 없이는 도정을 이끌어 갈 수 없기 때문이다. 따라서 물질적 자립과 더불어 자치의식을 함양해서 외부의존형(국비의존형) 제주도정부터 바꿔내지 못한다면, 제주도의 생태적 전환은 이뤄질 수 없기 때문에, 군사기지 건설에 대한 저항은 제주시민사회의 자치운동과도 동일한 맥락을 형성한다.

V. 결론

2011년 8월 말, 법무부 장관 명의로 제기된 '해군기지 공사방해금지 및 공유수면 출입금지 가처분 신청'이 법원에 의해 받아들여졌고, 9월 2일 육지에서 파견나온 800여 명의 경찰관 기동대 및 전경 등 1000여 명에 의해 30여 명이 연행되었으며, 마을에서 구럼비 바위가 있는 중덕해안으로

31) 〈제주의 소리〉, "연간 1000억대 도내 쌀시장 도전장 내민 '제주곤쌀'은…", 2011년 5월 6일자. (http://www.jejusori.net/news/articleView.html?idxno=99219)

가는 유일한 통로인 '농로'가 펜스로 막혀버렸다. 그러나 다음날인 9월 3일 열린 평화대회에서는 전국과 도내 곳곳에서 평화비행기 1대와 24대의 평화버스 등을 타고 온 2,000여 명이 참가하여 해군기지 백지화 및 평화적 해결을 촉구했다.

제주 해군기지의 안보적 타당성, 입지 선정의 적정성, 행정절차 이행과정의 졸속처리, 환경훼손 및 환경저감 방안의 미이행, 국회부대조선인 기항지 중심의 민군복합형 관광미항 준수여부, 크루즈선 2대의 동시 접안 및 선회 가능여부, 강정마을 공동체의 붕괴 등 제주 해군기지 건설결정 및 진행과정에서 수많은 문제점이 나타났으며, 이러한 이유들로 인해 공사는 즉각 중단되어야 한다. 특히 군사기지 건설에 대한 정책결정 및 건설과정에서 환경문제의 발견은 섬의 군사기지화에 저항하는 환경운동의 대응으로 볼 수 있으며, 거대한 평화운동의 일환으로 간주할 수 있다.

따라서 우리는 저항의 승리를 위해 공사를 즉각 중단시킬 수 있는 방안을 모색하여 투쟁해야 한다. 또한 외부의존형 개발국가체제를 유지확장하려는 군사기지 건설에 저항하는 과정을 통해 새로운 사회의 생태적 전환에 대해서도 고민할 필요가 있다. 이를 위해 저항에 대한 기록과 분석을 통해 향후 지속적인 투쟁과 궁극적 승리를 위한 밑바탕으로 활용해야 하며, 또한 해군기지 저항과정에서 출현한 여러 주체 및 새로운 의미들의 형성에 주목한다면 생태사회체제로의 전환에 기여할 수 있다.

※ 출처: 2011년 제5회 시민환경학술대회(2011년 9월 22일) 수정본

● 참고자료

김귀식, 2006,《제주지역 청정에너지 부존량 및 활용에 관한 연구》, 2005년도 최종보고서, 제주지역환경기술개발센터.

김동주, 2009a, "'지식범죄' 를 고발한다 - 개발독재에 부역하는 전문가들", 〈제주의 소리〉, 2009년 2월 5일자.(http://www.jejusori.net/news/articleView.html?idxno=59064)

김동주, 2009b, "제도적 투쟁의 불편함과 두려움의 정치: 제주도지사 주민소환투표",《새로운 제주를 위한 행복했던 시간들》, 김태환지사 주민소환운동백서, 김태환지사주민소환운동본부. pp.110~135.

김동주, 2011, "강정마을에 대한 국가폭력을 멈추어라",《녹색평론》 2011년 9-10월호(통권 120호), 녹색평론사, pp.21~29.

박승옥, 2007,《잔치가 끝나면 무엇을 먹고 살까? 한국사회의 생태적 전환을 위한 제언》, 녹색평론사: 서울, pp.302.

야5당 제주해군기지 진상조사단(민주당, 민주노동당, 창조한국당, 진보신당, 국민참여당), 2011,『제주해군기지 조사보고서』, 2011년 8월 5일.

조성윤, 2011, "제주도의 평화 정책과 해군기지 문제",《제주도연구》 35집(2011년 2월), 제주학회, pp.36~66.

최현 · 김지영, 2007, "구조, 의미틀과 정치적 기회: 1980년대 한국의 민주화운동",《경제와사회》 2007년 가을호(통권 제75호), 비판사회학회, pp.251~281.

〈제주의 소리〉 (www.jejusori.net)

〈조선일보〉 (www.chosun.com)

〈프레시안〉 (www.pressian.com)

'제주 군사기지 저지 및 평화의 섬 실현을 위한 범도민 대책위원회' 내부자료

http://www.kangjung.com - (강정마을 홈페이지)

http://www.jejupeople.net - ("육지 사는 제주 사름" 홈페이지)

http://cafe.daum.net/peacekj - (다음카페 평화강정)